Onde estou?

— Lições do confinamento para uso dos terrestres

TRADUÇÃO
Raquel de Azevedo

REVISÃO TÉCNICA
Alyne Costa

Bruno Latour

© Éditions La Découverte, Paris, 2021
© desta edição, Bazar do Tempo, 2021

[*Où suis-je? Leçons du confinement à l'usage des terrestres.*
Paris: La Découverte, 2021]

*Todos os direitos reservados e protegidos pela Lei nº 9610 de 12.2.1998.
É proibida a reprodução total ou parcial sem a expressa anuência da editora.*

*Este livro foi revisado segundo o Acordo Ortográfico da Língua Portuguesa
de 1990, em vigor no Brasil desde 2009.*

Edição Ana Cecilia Impellizieri Martins
Assistente editorial Clarice Goulart
Tradução Raquel de Azevedo
Revisão técnica Alyne Costa
Copidesque Elisa Duque
Revisão Aline Rocha
Projeto gráfico Angelo Bottino & Fernanda Mello

CIP-BRASIL. CATALOGAÇÃO NA PUBLICAÇÃO
SINDICATO NACIONAL DOS EDITORES DE LIVROS, RJ

L383o

    Latour, Bruno
        Onde estou? : lições do confinamento para uso dos terrestres / Bruno Latour ;
tradução Raquel Azevedo. – 1. ed. – Rio de Janeiro : Bazar do Tempo, 2021.
                        (#mundo junto)

        Tradução de : Où suis-je ? : leçons du confinement à l'usage des terrestres
        ISBN 978-65-86719-69-7

        1. Filosofia. 2. Pandemia de COVID-19, 2020 – Aspectos sociais. 3. Pandemia de
COVID-19, 2020 – Aspectos políticos. 4. Pandemia de COVID-19, 2020 – Aspectos
econômicos. I. Azevedo, Raquel. II. Título. III. Série.

21-72643   CDD: 303.485
                                                                          CDU: 316.4:(616.98:578.834)

Meri Gleice Rodrigues de Souza – Bibliotecária – CRB-7/6439

Cet ouvrage, publié dans le cadre du Programme d'Aide à la Publication
année 2020 Carlos Drummond de Andrade de l'Ambassade de France au Brésil,
bénéficie du soutien du Ministère de l'Europe et des Affaires étrangères.

Este livro, publicado no âmbito do Programa de Apoio à Publicação
ano 2020 Carlos Drummond de Andrade da Embaixada da França no Brasil,
contou com o apoio do Ministério francês da Europa e das Relações Exteriores.

 | BAZAR DO TEMPO
              | PRODUÇÕES E EMPREENDIMENTOS CULTURAIS LTDA.

Rua General Dionísio, 53, Humaitá
22271-050 – Rio de Janeiro – RJ
contato@bazardotempo.com.br
bazardotempo.com.br

Para Lilo, filho de Sarah e Robinson
Para os participantes do projeto *Onde aterrar?*

Examinaste as extensões terrestres?
Conte-me, se sabes tudo isso.
Jó 38,18

1 — Um devir-cupim **11**

2 — Confinados em um lugar até bastante grande **19**

3 — "Terra" é um nome próprio **29**

4 — "Terra" é um nome feminino,
   "Universo" é um nome masculino **39**

5 — Distúrbios de engendramento em cascata **51**

6 — "Aqui embaixo" — mesmo porque não há alto **61**

7 — Deixar a Economia subir à superfície **71**

8 — Descrever um território,
   mas de dentro para fora **83**

9 — Descongelar a paisagem **93**

10 — Multiplicação de corpos mortais **105**

11 — Retomada das etnogêneses **113**

12 — Batalhas muito estranhas **125**

13 — Espalhar-se em todas as direções **135**

14 — Para saber um pouco mais **147**

1 — Um devir-cupim

Há vários modos de começar. Pode-se, por exemplo, fazer como um herói de romance que desperta depois de um desmaio, esfregando os olhos, com certo ar de perdido, e que sussurra: "onde estou?". Realmente não é fácil reconhecer onde ele está, sobretudo depois de um longo confinamento, e tanto tempo usando uma máscara sobre o rosto ao sair às ruas ocupadas por raros transeuntes dos quais não se vê senão um olhar fugidio.

Aquilo que mais o desanima – ou melhor, que o assusta – é que há pouco tempo começou a olhar para a lua – ela está cheia desde a noite de ontem – como se fosse a única coisa que ele ainda poderia contemplar sem sentir um mal-estar. O sol? Impossível apreciar seu calor sem pensar imediatamente no aquecimento global. As árvores que os ventos agitam? O medo de vê-las dessecar ou serem cortadas por uma serra o atormenta. Até mesmo pela água que cai das nuvens ele tem a desagradável impressão de se sentir responsável: "Você sabe muito bem que, em breve, a água vai faltar em toda parte!". Alegrar-se contemplando uma paisagem? Ele nem se atreve: toda essa poluição é culpa nossa; e se alguém ainda se encanta com os campos de trigos dourados, é porque se esqueceu de que as papoulas desapareceram. Ali onde os impressionistas pintavam uma profusão de belezas, o herói não vê senão o impacto da Política Agrícola Comum da União Europeia,[1] que transformou os campos em desertos... Definitivamente, ele só consegue se acalmar lançando seu olhar para a lua: ao menos por sua cir-

---

[1] Conhecido pela sigla PAC, trata-se do sistema de subsídios à agricultura e programas de desenvolvimento rural implementado na Europa na década de 1960. (N.R.T.)

cunferência e por suas fases ele não se sente de nenhum modo responsável; esse é o único espetáculo que lhe resta. Se o brilho dela o comove tanto, é por conta de seu movimento, enfim, disso ele sabe que é inocente. O que até pouco tempo acreditávamos ser quando olhávamos para os campos, os lagos, as árvores, os rios e as montanhas, em geral, para as paisagens, sem pensar nos efeitos causados por nossos menores gestos. Isso foi antes, e não faz tanto tempo assim.

Ao acordar, começo a sentir os tormentos sofridos pelo herói de Kafka em seu romance *A metamorfose*, o qual, durante o sono, transformou-se em barata, caranguejo ou besouro. Da noite para o dia, o personagem se vê apavorado por não poder acordar como antes para ir trabalhar. Esconde-se debaixo da cama ao escutar o chamado de sua irmã, dos seus pais, e de seu chefe quando batem à porta de seu quarto, cuidadosamente trancada à chave. Ele não consegue se levantar: suas costas estão duras como couraça. Precisa aprender a disciplinar suas patas ou pinças, que se movem em todos os sentidos. Aos poucos, percebe que ninguém mais entende o que diz. Seu corpo mudou de tamanho: sente que tornou-se um "inseto monstruoso".

Eu também sinto como se tivesse sofrido uma verdadeira metamorfose. Ainda me lembro de que, antes, podia me deslocar inocentemente carregando meu corpo comigo. Agora sinto que devo suportar nas costas, com muito esforço, um longo rastro de CO_2 que me impede de pegar um avião e que constrange todos os meus movimentos, tanto que mal me atrevo a digitar em meu teclado por medo de fazer derreter uma geleira distante. Mas tudo está pior desde janeiro de 2020 porque, como se aquilo tudo não bastasse, toda hora sou lembrado de que minha boca pode emitir uma nuvem de aerossóis cujas gotículas finas transmitem vírus minúsculos que alcançam os pulmões e podem matar meus vizinhos, sufocando-os em suas camas e fazendo colapsar os serviços hospitalares. É como se agora eu tivesse, tanto à minha frente quanto atrás de mim, uma carapaça de consequências cada vez mais terríveis que preciso aprender a arrastar. Se me empenho para manter as distâncias recomendadas respirando com dificuldade por trás da máscara cirúrgica, não chego a me arrastar muito longe, já que, assim que começo a encher meu carrinho de compras, o mal-estar aumenta: essa xícara de café arruína o solo dos trópicos; essa camiseta joga na miséria uma criança de Bangladesh; o bife malpassado que eu comia com tanto gosto emite bufadas de metano que aceleram ainda mais a crise climática. Então gemo e me contorço, apavorado com essa metamorfose. Será que vou finalmente acordar desse pesadelo e voltar a ser como antes: livre, íntegro, móvel? Um humano como antigamente, ora!

Ficar confinado? Tudo bem, desde que seja por apenas algumas semanas, não para sempre; isso seria terrível demais. Quem gostaria de terminar como Gregor Samsa,[2] morto dessecado em uma gaveta, para o grande alívio de seus pais?

No entanto, houve de fato uma metamorfose e não parece ser possível voltar atrás, acordando desse pesadelo. Confinados ontem, confinados amanhã. O "inseto monstruoso" deve então aprender a se mover de viés, a enfrentar seus vizinhos e seus pais (talvez a família Samsa comece, ela também, a sofrer mutações?), todos desconfortáveis com suas antenas, seus vestígios, seus rastros de vírus e gás, com suas próteses estalando, um som horrível de aletas de aço colidindo. "Mas onde estou?": *em outro lugar, outro tempo, outro alguém, membro de outro povo*. Como se acostumar a isso? Tateando, como sempre; que outra maneira haveria?

---

2 O autor refere-se ao personagem do romance *A Metamorfose*, de Franz Kafka. (N.E.)

Kafka acertou em cheio: o devir-barata oferece um ótimo ponto de partida para nos orientarmos e analisarmos os prós e contras da situação. É verdade que, por toda parte, os insetos se veem ameaçados de extinção, mas as formigas e os cupins ainda estão por aí.[3] Para ver aonde isso nos levará, por que não começar por suas linhas de fuga?

Algo que é bastante conveniente para certos cupins que vivem em simbiose com cogumelos e são capazes de digerir madeira – os famosos *Termitomyces* – é que eles constroem grandes ninhos de terra mastigada dentro dos quais mantêm uma espécie de "ar condicionado". Erigem algo como uma Praga de argila, onde cada pedaço de comida passa pelo tubo digestivo de cada cupim em questão de dias. O cupim está confinado: trata-se, sem dúvida, de um modelo de confinamento, não há como negar; ele nunca sai! Exceto pelo fato de que *é ele* quem constrói o cupinzeiro, mascando torrão após torrão. Dessa maneira, ele pode ir *a qualquer lugar*, mas sob a condição de estender seu cupinzeiro um pouco mais longe. O cupim se envelopa em seu cupinzeiro, enrola-se nele, que é, ao mesmo tempo, seu meio interior e sua maneira própria de ter um exterior; ele é seu corpo prolongado, por assim dizer. Os estudiosos diriam se tratar de um segundo "exoesqueleto", sobressalente ao primeiro, que compreende sua carapaça, seus segmentos e suas patas articuladas.

---

[3] Em textos anteriores, Latour recorreu à imagem de formigas e cupins seja para descrever seu trabalho como pesquisador dos Estudos de Ciência, Tecnologia e Sociedade – o acrônimo em inglês da teoria ator-rede, que ele ajudou a desenvolver, é ANT (*actor-network theory*), palavra que designa "formiga" nessa mesma língua –, seja para pensar *Terra* como aquilo que só existe como produto dos agentes que nela vivem – como o cupinzeiro, produzido pelos próprios cupins. Cf., por exemplo, *Reagregando o social: uma introdução à teoria do Ator-Rede* (Salvador, Bauru: Edufba; Edusc, 2012) e *Diante de Gaia: Oito conferências sobre a natureza no Antropoceno* (São Paulo, Rio de Janeiro: Ubu Editora; Ateliê de Humanidades, 2020). (N.R.T.)

O adjetivo "kafkiano" não tem o mesmo significado se o utilizo para designar o cupim sozinho, isolado e sem comida em um cárcere de argila seca e marrom, ou se, antes, ele se refere a um Gregor Samsa finalmente satisfeito por ter digerido sua casa de terra – o que, por sua vez, foi possível graças à madeira devorada por centenas de milhões de parentes e compatriotas, cuja alimentação compõe um fluxo contínuo do qual ele pôde aproveitar algumas moléculas. Essa última corresponderia a uma nova metamorfose da célebre narrativa d'*A metamorfose*, depois de tantas outras. Com a diferença de que, desta vez, ninguém mais o consideraria monstruoso; ninguém mais tentaria esmagá-lo como uma barata, como procurou fazer papai Samsa. Talvez fosse o caso de dotá-lo de outros sentimentos, exclamando, como se fez com Sísifo, mas por razões completamente diferentes: "É preciso imaginar Gregor Samsa feliz...".[4]

Esse devir-inseto ou devir-cupim permitiria apaziguar aqueles que, para se tranquilizarem, não têm senão a lua para contemplar, visto que ela é o único ser próximo que é exterior às suas preocupações. Se olhar as árvores, o vento, a chuva, a seca, o mar, os rios e, claro, as borboletas e as abelhas provoca tanto mal-estar, é porque você se sente responsável – sim, culpado, na verdade – por não lutar contra aqueles que os destroem. É porque você se infiltrou na existência deles, cruzou sua trajetória. Sim, é verdade: você também, *tu quoque*:[5] você os digeriu, modificou, metamorfoseou. Você fez deles seu meio interior, seu cupinzeiro, sua cidade, sua Praga de

---

4 Célebre frase de Albert Camus que encerra o ensaio *O mito de Sísifo*. (N.R.T.)

5 "Você também" em latim. Referência à falácia do apelo à hipocrisia, que consiste em replicar uma acusação afirmando que o acusador também é culpado do mesmo crime. (N.R.T.)

cimento e pedra. Então por que você se sentiria desconfortável? Nada mais lhe é estrangeiro; você não está mais sozinho. Digere tranquilamente parte das moléculas daquilo que chega ao seu intestino depois de ter passado pelo metabolismo de centenas de bilhões de parentes, aliados, compatriotas e concorrentes. Você não está mais no seu antigo quarto, Gregor, mas pode ir a qualquer lugar. Por que continuaria a se esconder de vergonha? Você escapou, então siga em frente, e nos ensine como viver assim!

Com suas antenas, suas articulações, suas emissões, seus dejetos, suas mandíbulas, suas próteses, você pode, *enfim*, se tornar um humano! E não são seus pais, aqueles que batem à sua porta inquietos e horrorizados, e até mesmo sua brava irmã Grete que se *tornaram* inumanos ao recusar o devir-inseto *deles*? Pois são *eles* que devem se sentir mal, *não você*. Não são eles que se metamorfosearam, que a crise climática e a pandemia transformaram em "monstros"? Tínhamos lido o romance de Kafka de forma invertida. Hoje, recolocado sobre suas seis patas peludas, Gregor enfim andaria propriamente e poderia nos ensinar a sair do confinamento.

Enquanto falávamos, a lua baixou; ela não lhe causa preocupação; é estrangeira, mas não mais do jeito que era antes. Você ainda não parece convencido; o mal-estar ainda persiste? É que não te tranquilizei o suficiente. Você se sente ainda pior? Você odeia essa metamorfose? Você quer voltar a ser um humano como antigamente? Você tem razão. Mesmo se tivéssemos nos tornado insetos, seríamos ainda insetos *ruins*, incapazes de nos mover para muito longe, aprisionados em nosso quarto trancado à chave.

É esse problema do "retorno à terra" que me dá vertigem. Não é justo nos forçar a aterrar sem que nos seja dito onde podemos pousar sem nos espatifar, sem que nos digam o que nos tornaremos e de quem nos sentiremos aliados ou não. Sei que fui rápido demais. O inconveniente de iniciar a jornada partindo do local de um acidente é que não posso mais *me localizar* com a ajuda de um GPS; não posso mais sobrevoar nada. Mas essa é também minha sorte: basta começar por onde estamos, *ground zero*, tentando seguir a primeira trilha no mato e ver aonde isso nos leva. De nada adianta se apressar: ainda resta algum tempo para encontrar onde se abrigar. É certo que perdi meu vozeirão, com o qual me expressava do alto me dirigindo de forma geral a todo o gênero humano; como a fala de Gregor junto ao ouvido de seus pais, a minha voz corre o risco de soar como um terrível grunhido; esse é o inconveniente desse devir-animal. Mas o que importa é fazer ouvir as vozes daqueles que seguem tateando na noite sem lua, chamando uns pelos outros. Talvez outros compatriotas consigam se reunir em torno desses chamados.

2 — Confinados em um lugar até bastante grande

"Onde estou?", suspira aquele que acorda inseto. *Na cidade* – provavelmente, como metade de meus contemporâneos. Isso significa que me encontro no interior de uma espécie de cupinzeiro ampliado: uma aparelhagem de muralhas, caminhos, sistemas de condicionamento, fluxos de alimento, redes de cabos cujas ramificações se estendem até os campos, bem longe. São assim também os túneis dos cupins que os ajudam a penetrar nas vigas mais resistentes de uma casa de madeira, cobrindo distâncias igualmente amplas. Em certo sentido, na cidade estou sempre "em casa", ao menos numa porção minúscula do meu lar: eu pintei essa parede, trouxe essa mesa do exterior, inundei sem querer o apartamento do meu vizinho, paguei o aluguel. Esses são alguns vestígios ínfimos que ficarão para sempre acrescidos à estrutura de calcário lutetiano,[6] às marcas, às rugas, às riquezas desse lugar. Se observo tal estrutura, encontro, para cada pedra, um habitante urbano que a fez; se meu ponto de partida são os habitantes urbanos, encontro, para cada uma de suas ações, um vestígio na pedra que deixaram para trás. Essa grande mancha na parede que está aí há vinte anos? É minha. Esse grafite? Também. Isso que os outros consideram uma moldura anônima e fria, para mim, pelo menos, é quase uma obra de arte.

Na cidade, como no cupinzeiro, habitat e habitante estão em continuidade; definir um é definir os outros. A cidade

---

[6] Na escala de tempo geológico, o Lutetiano é a idade da época Eocena do período Paleogeno da era Cenozoica do éon Fanerozoico compreendida entre aproximadamente 47,8 milhões a 41,3 milhões de anos atrás. (N.R.T.)

é o exoesqueleto de seus habitantes, assim como os habitantes, quando morrem ou dessecam, deixam atrás de si, em seus rastros, um habitat – basta pensar nos cemitérios, por exemplo. Um habitante urbano está em sua cidade como um caranguejo-ermitão em sua concha. "Então, onde estou?" Estou *na, por meio da* e, em parte, *graças* à minha concha. A prova disso é que sequer consigo levar meus mantimentos até minha casa sem o elevador que me permite fazê-lo. Seria o habitante urbano um inseto "de elevador", como se diz que uma aranha é "de teia"? Mas, para isso, é preciso que os proprietários cuidem do funcionamento da maquinaria. Por trás do inquilino, uma prótese; por trás da prótese, proprietários e agentes de manutenção, e assim por diante. A estrutura inanimada e aqueles que a animam são uma coisa só. Um habitante urbano isolado existe tanto quanto um cupim fora do cupinzeiro, uma aranha sem sua teia, ou um indígena cuja floresta foi destruída. Um cupinzeiro sem cupim é o mesmo que um monte de lama – assim como nos pareciam os bairros de luxo quando, durante o confinamento, passávamos diante de todos aqueles prédios suntuosos sem ver quaisquer habitantes para animá-los.

Se a cidade não é exatamente estranha aos modos de ser de um urbano, o quão longe preciso ir para topar com algo que esteja realmente *fora* dela? Neste verão, na região do Vercors,[7] no sopé do Grand Veymont,[8] um amigo geólogo nos mostrava que o cume desse penhasco suntuoso era um imenso cemitério de corais – outra conurbação gigante, há muito abandonada por seus habitantes, cujos restos amontoados, prensados, enterrados e, depois, erguidos, erodidos

---

[7] Latour se refere ao parque nacional situado no entorno do maciço do Vercors, na região dos Alpes franceses. (N.R.T.)

[8] Montanha que é o ponto culminante do maciço do Vercors (cf. nota 7). (N.R.T.)

e suspensos, acabaram engendrando esse belo calcário urgoniano, cuja pedra branca com cristais finos brilhava sob a lupa do meu amigo. Ele chamava esses calcários de "bioclásticos", o que significa que foram "feitos de todos os detritos dos viventes". Não haveria, então, nenhuma ruptura, nenhuma descontinuidade quando passo do cupinzeiro urbano, tão bioclástico, ao vale do Vercors, talhado outrora por uma geleira em meio a um cemitério de incontáveis viventes? Isso me faz sentir um pouco menos alienado. Posso ir cada vez mais longe, movendo-me como um caranguejo. Minha porta não está mais trancada à chave.

Tanto mais porque, subindo o Grand Veymont, formigueiros gigantes marcam o trajeto a cada cem metros, a me lembrar de que as formigas também levam uma vida urbana agitada. Gregor deve se sentir menos sozinho agora que seu corpo segmentar está em ressonância com sua Praga de pedra, onde cada agregado cristalizado conserva o eco de um oceano de conchas em colisão. Razão suficiente para deixar sua família para trás, presa em casa, em seus pobres corpos humanos *delineados* à moda antiga, como silhuetas em arame.[9]

Quando estava em seu quarto, Gregor sofria por ser um estranho entre os seus; bastavam uma divisória e uma fechadura para trancá-lo duas vezes. Tornado inseto, porém, ele se tornou um *atravessador de paredes*.[10] Daqui em diante, seu quarto e sua casa se tornam bolas de argila, de pedra e de escombros que ele havia digerido parcialmente, depois expelido, e que não limitam mais seus movimentos. Agora ele pode sair

---

[9] Latour evoca essa imagem para criticar a ideia corrente de que humanos são separados de seu "ambiente" pelo limite de seus corpos. (N.R.T.)

[10] O autor usa o termo *passe-muraille*, uma provável referência ao protagonista da novela de Marcel Aymé chamada *Le Passe-muraille* (sem tradução para o português). (N.T.)

à vontade sem que o ridicularizem. A cidade de Praga, suas pontes, suas igrejas, seus palácios? Não passam de torrões de terra um pouco maiores, mais velhos, mais sedimentados; todas essas são coisas artificiais e fabricadas, provenientes das mandíbulas de seus numerosos compatriotas. O que talvez torne meu devir-inseto suportável é saber que, se eu for da cidade para o campo, estarei diante de outros cupinzeiros: as montanhas de calcário igualmente artificiais, maiores, mais antigas, ainda mais sedimentadas por um longo trabalho de astúcia e engenharia de animálculos incontáveis. O confinado então se desconfina às mil maravilhas. Ele começa a recuperar uma imensa liberdade de movimento.

Sigamos, portanto, esse fino canal, prolonguemos essa pequena intuição, obedeçamos obstinadamente a essa bizarra injunção: se posso passar do cupinzeiro à cidade e depois da cidade à montanha, é possível passar ao próprio espaço no qual, até pouco tempo atrás, eu pensava que a montanha estava meramente "situada"?

Se o trabalho do formigueiro cria uma bolha ao redor da formiga, mantendo sua temperatura e purificando seu ar, o mesmo vale para Verónica [Calvo],[11] que respira ofegante na árdua subida do Grand Veymont. O oxigênio que inspira não provém dela, como se carregasse nas costas os pesados cilindros dos conquistadores de Annapurna.[12] São outros, incontáveis e ocultos outros, que oferecem gratuitamente (ao me-

---

[11] Verónica Calvo é pesquisadora em Paris e tem como eixo principal de seu trabalho a etnografia dos povos camponeses da região dos Andes bolivianos. É citada pelo autor nos agradecimentos do livro. (N.E.)

[12] Localizado no Nepal, o Annapurna é um maciço da cordilheira do Himalaia, considerado um dos mais difíceis de se escalar no mundo. Latour provavelmente se refere, aqui, à providência de carregar cilindros de oxigênio por parte de duas expedições britânicas que alcançaram o cume em 1970, não sem enfrentar muitos percalços. (N.R.T.)

nos por enquanto) o ar que enche seus pulmões. Já a camada de ozônio que protege Verónica do sol (também por enquanto) forma acima dela uma abóbada que resulta do trabalho de agentes igualmente invisíveis, incontáveis e ainda mais antigos: dois bilhões e meio de anos de bactérias em ação. Com isso, as bufadas de CO_2 que ela libera ao respirar não a tornam uma estranha, um "inseto monstruoso", mas uma respiradora entre bilhões de respiradoras, algumas das quais aproveitam esse CO_2 para formar a madeira da floresta de faias – à sombra das quais Verónica recupera seu fôlego. Isso faz dessa andarilha a pedestre que percorre uma metrópole imensa numa bela tarde. Lá fora, no meio do mato, eis que se encontra alojada *dentro* de uma conurbação da qual não poderia jamais sair sem que imediatamente morresse asfixiada.

Que choque perceber que o artifício, a engenharia, a liberdade para inventar – não, a obrigação de inventar – Gregor podia encontrar também naquilo que, quando era apenas um humano reduzido a uma silhueta de arame como seus parentes indignos, ele acreditava ser o ar, a atmosfera, o céu azul. Para que haja uma abóbada acima de sua cabeça, para que ele não sufoque ao sair – a questão é justamente que ele não "sai" mais –, é preciso sempre haver trabalhadores, animálculos, arranjos sutis, esforços dispersos para manter o toldo do céu em seu lugar; sempre uma longa, imensamente longa história de artifícios, simplesmente para que haja uma *borda*, um vasto dossel[13] minimamente estável que perdure por um tempo. Se eu quiser aprender rapidamente com a barata Gregor como devo me comportar, preciso admitir que são os dispositivos técnicos, as fábricas, os hangares, os portos, os laboratórios

---

[13] No original, *canopée*. O dossel florestal é o estrato superior de uma floresta, que abriga uma grande biodiversidade. (N.R.T.)

que melhor me permitem entender o trabalho dos organismos vivos e sua capacidade de mudar suas condições de existência ao redor de si, de elaborar nichos, esferas, atmosferas, bolhas de ar condicionado. É com eles que compreendemos melhor a natureza da "natureza". Ela não é essencialmente "verde", ela não é primordialmente "orgânica": ela é composta, sobretudo, de artifícios e artífices – desde que se dê tempo para tal composição.

É estranho que os manuais de geologia ou de biologia afirmem, em tom de deslumbramento, que os organismos vivos teriam "por acaso" encontrado na terra as condições ideais para se desenvolverem ao longo de bilhões de anos: a temperatura adequada, a distância adequada do sol, a água adequada, o ar adequado. De estudiosos respeitados seria de se esperar que não comprassem com tanto entusiasmo uma versão tão *providencial* do acordo entre os organismos e aquilo que chamam de seu "meio ambiente". O mais ínfimo devir-animal leva a uma visão inteiramente diferente, muito mais pé no chão: não há de forma alguma um meio ambiente. Isso equivaleria a felicitar uma formiga pela sorte de estar num formigueiro tão providencialmente bem aquecido, tão agradavelmente arejado e tão frequentemente limpo de seus dejetos. Ela sem dúvida retrucaria, se soubéssemos interrogá-la, que foram ela e seus bilhões de congêneres que emitiram esse "meio ambiente" que deles provém, assim como a cidade de Praga emana de seus habitantes. Essa ideia de ambiente não faz qualquer sentido, já que não se pode jamais traçar o limite que distingue um organismo daquilo que o rodeia. A rigor, não existe ambiente: tudo conspira para a nossa respiração. E a história dos viventes está aí para nos lembrar de que, se há uma terra tão "favorável" a seu desenvolvimento, foram os viventes que a *tornaram* conveniente a seus desígnios – desígnios tão bem escondidos que eles próprios os ignoram por completo! Às cegas, eles curvaram o espaço em torno de si. É como se estivessem dobrados, enterrados, enrolados, enroscados nele.

Ao menos, aqui estou um pouco melhor situado, porque começo a me aproximar do que está realmente "fora". Nas narrativas da minha infância, sempre que os náufragos alcançavam uma praia (como fez Cyrus Smith em *A ilha misteriosa*),[14] eles se apressavam em subir em algum pico para verificar se estavam em um continente ou em uma ilha. Ficavam decepcionados quando se tratava de uma ilha, mas se sentiam aliviados quando ela se revelava vasta e diversa. O mesmo se passa conosco: percebemos que estamos confinados, é verdade, mas em uma ilha que, no entanto, possui grandes dimensões. Entrevemos sua borda *a partir do interior*, em certo sentido por sua transparência, como se estivéssemos dentro de um palácio de cristal ou de uma estufa, ou também como um nadador vislumbra o céu quando olha para o alto a partir das profundezas de um lago.

O mais impressionante é que, como aprendi há muito tempo, nunca temos uma experiência *direta* desse fora. Mesmo a cosmonauta mais audaciosa não repete suas espetaculares incursões pelo espaço se não estiver cuidadosamente acondicionada em um traje *ad hoc*: um capacete que a conecta ao Cabo Kennedy[15] como que por uma corda firmemente ancorada ao solo, a qual ela não pode soltar, sob pena de morrer imediatamente. Quanto aos numerosos testemunhos desse vasto exterior, de tudo o que está *além do limiar*, nós lemos, apren-

---

14 Livro de Júlio Verne, publicado em 1875. (N.T.)

15 Latour se refere à Estação da Força Aérea de Cabo Canaveral, principal base de lançamentos de foguetes da NASA. Em 1963, o Cabo Canaveral passou a ser denominado Cabo Kennedy em homenagem ao ex-presidente John F. Kennedy. Em 1973, uma lei do estado da Flórida restabeleceu o antigo nome. (N.T.)

demos, calculamos; mas o fazemos sempre com o auxílio de nossos telescópios e *desde o interior* de nossos laboratórios ou institutos, sem jamais deixá-los. Saímos apenas por meio da imaginação – ou melhor, do conhecimento *imagético*, por intermédio de imagens habilmente captadas. Por mais comovente que seja a imagem de nosso planeta visto de Saturno, foi em um escritório da NASA, em 2013, que ela foi recomposta pixel por pixel: celebrar sua objetividade, omitindo os elos que permitem ver a terra a distância, significa equivocar-se tanto em relação ao objeto quanto em relação às capacidades dos sujeitos de conhecer com certeza.

Rastejando do quarto para a cidade, da cidade para a montanha, da montanha para a atmosfera, sempre seguindo o modelo oferecido pelos cupins – o estreito canal no qual eles caminham –, ainda não sei onde estamos, mas acredito ser possível fincar na terra uma estaca para não mais me perder na próxima vez que partir em reconhecimento do terreno. *Aquém* da borda está o mundo do qual temos a experiência, e onde encontramos, por toda parte, espécies de *compatriotas* que, com suas engenharias, suas audácias e suas liberdades, são capazes de construir agregados que eles arranjam a seu modo e que mais ou menos se sobrepõem. O resultado de suas invenções é sempre surpreendente, mas, ainda assim, sentimos que elas têm algo de familiar em relação às nossas. *Além* da borda está um mundo inteiramente diferente; surpreendente, é claro, mas do qual não temos nenhuma experiência direta (a não ser com o apoio do conhecimento imagético) e que nunca nos será *familiar*. O exterior, o verdadeiro exterior, começa lá onde a lua gira – essa lua que você tinha razão de contemplar com inveja, como símbolo da inocência. De fato, ela é estrangeira, incorruptível; era de se esperar que aqueles que viverão para sempre confinados buscassem conforto nela.

Procuro um nome para distinguir claramente o dentro e o fora. É como uma grande divisão, uma nova *summa divisio*. Proponho chamar o aquém de *Terra* e o além, por que não, de *Universo*. Aqueles que habitam aquém – ou, antes, aqueles que *aceitam* residir aquém – podemos chamar de *terrestres*. É com eles que procuro estabelecer contato lançando meus apelos. Tais denominações são provisórias, sujeitas à verificação; mal começo a reconhecer o terreno. Mas já percebemos, no entanto, que Terra é experimentada de perto, mesmo que a conheçamos mal, ao passo que Universo é, em geral, muito mais bem conhecido, embora não tenhamos dele a experiência direta. Seria bom que nós, os terrestres, nos preparássemos para usar equipamentos com finalidades diferentes, conforme queiramos viajar de um lado ou do outro desta fronteira, desse *limes*[16] intransponível. Sem isso, não seríamos literalmente capazes de compreender o que permite aos viventes tornar a terra habitável; *tornaríamos a vida impossível* para nós.

---

[16] A imagem do *limes* é usada por Latour em diversos outros textos. Em *Reagregrando o social: uma introdução à teoria do ator*-rede (Salvador, Bauru: Edufba, Edusc, 2012), ele evoca a imagem dessa fronteira mítica traçada por Rômulo em torno da Roma nascente, e que seria mantida como limite do Império Romano. (N.E. e N.R.T.)

3 — "Terra" é um nome próprio

No momento, o que torna a vida impossível para nós é esse *conflito de gerações* tão perfeitamente descrito na narrativa de Gregor Samsa. De certo modo, desde o confinamento, cada um de nós vive isso em sua própria família.

No romance de Kafka, há, de um lado, os parentes com silhuetas de arame: o pai obeso, a mãe asmática, a irmã imatura, aos quais se juntam o enfadonho "senhor gerente", duas empregadas horrorizadas, a faxineira "ossuda" e os três inquilinos indiscretos. E há, do outro, esse Gregor cujo devir-inseto prefigura o nosso. Ele está mais espesso, mais pesado; ele tem, a princípio, mais dificuldade de andar. Suas patas, em maior número, atrapalham-no. As costas rígidas produzem um som surdo ao bater no chão. Mas ele pode se conectar a muito mais coisas do que os demais – sem contar que pode subir até o teto... Com isso, ele se sente mais à vontade, já que, em suas perambulações de atravessa-paredes, tudo demonstra sua capacidade de elaborar um tanto livremente os nichos, as abóbadas, as bolhas, as atmosferas, enfim, os *interiores*. Estes podem não ser necessariamente confortáveis, mas são resultado da escolha daqueles que os formaram – engenheiros, urbanistas, bactérias, cogumelos, florestas, camponeses, oceanos, montanhas ou formigueiros – ou foram preparados por seus predecessores, na maioria das vezes sem que o tenham mesmo pretendido. Quanto aos parentes de Gregor, são eles que estão enclausurados em seu apartamento grande demais, do qual não podem sequer pagar o aluguel. E não poderia ser de outro jeito, já que o único interior que possuem é limitado de forma bem restrita por seus corpos repugnantes. É por isso que eles permaneceram confinados, ao passo que Gregor já *não está mais*. Enquanto não alcança o verdadeiro exterior, o outro lado da barreira, ele permanece, ao fim e ao cabo, no interior de um mundo que lhe é bem familiar. Para os pais, a exterioridade ameaçadora começa na porta que dá para a rua; para o novo Gregor, a *interioridade se* estende até os limites, ainda que flutuantes, de Terra.

As duas gerações, a anterior e a posterior ao confinamento generalizado, não se orientam do mesmo modo. Dizer que Gregor "não se entende bem com seus pais" é um eufemismo: seu modo de medir as distâncias e os de seus pais são, de fato, incomensuráveis. Não é que simplesmente resultem em quantidades diferentes; são as maneiras de registrar as distâncias que são distintas. Não surpreende que, no século XX, marcado pela questão das "relações humanas", tenhamos feito do romance de Kafka o epítome dos "dramas da comunicação". Mas talvez tenhamos nos enganado a respeito da distância que existe entre os modos de medir de Gregor e os de seus pais. Há algo literalmente esmagador na forma com que os últimos se orientam no mundo, isto é, com base em um certo mapa.

Segundo esse mapa, deve-se partir do universo, passar pela Via Láctea, seguir pelo sistema solar e passar pelos diversos planetas antes de sobrevoar a terra, deslizando os dedos no GoogleEarth™ até a República Tcheca para chegar acima de Praga, e então ir se aproximando do bairro, da rua, e, finalmente, do prédio antigo em frente ao hospital sinistro. Ao final desse sobrevoo, talvez a localização da família Samsa esteja completa – especialmente se acrescentarmos os registros de imóveis, os dados postais, policiais, bancários e, atualmente, as "redes sociais". Porém, na comparação com essas dimensões tão vastas, os pobres genitores de Gregor são reduzidos a nada: um ponto, menos que um ponto, um pixel que pisca na tela. Poderíamos mesmo dizer que se trata de uma localização final, no sentido de que ela *acaba* eliminando aqueles que ela situou, valendo-se apenas de longitude e latitude. O pixel não tem vizinho, antecessor nem sucessor; ele se tornou literalmente incompreensível. Que jeito mais estranho de se situar.

Tornado inseto – e , portanto, terrestre –, Gregor se orienta de forma bem distinta da de seus pais. Ele é do tamanho das coisas que digeriu e deixou em seu rastro, e quando se desloca (de forma desajeitada no início), é sempre *pouco a pouco*. Por isso, nada pode esmagá-lo situando-o do alto e de longe. Nenhuma força pode achatá-lo ou reduzi-lo a um pixel, nem mesmo a bengala erguida do papai Samsa. Aos olhos de seus pais, Gregor é invisível, e sua elocução é incompreensível; razão pela qual, no fim das contas, faz-se preciso livrar-se dele ("ele empacotou", anuncia em um tom quase sádico a faxineira "ossuda"). Já para Gregor, ao contrário, são seus pais que desaparecem, esmagados e emudecidos, se tentamos localizá-los à moda antiga: encontram-se espremidos em sua sala de jantar, reduzidos a seus corpos, confinados em seus pequenos eus, balbuciando em uma língua que ele não quer mais escutar. Aí está sua linha de fuga.

Se acompanharmos Gregor em seu movimento, perceberemos que distribuímos os valores de modo completamente diferente. Literalmente, não vivemos mais no mesmo mundo que o de seus pais. Para se localizarem, aqueles que vivem como antes do confinamento partem de seus eus ridiculamente miúdos e vão acrescentando a isso uma estrutura material que chamam de "artificial" ou mesmo de "inumana": Praga, as fábricas, as máquinas, a "vida moderna". E então, nessa estrutura, vão acumulando uma pilha de coisas inertes que se estendem ao infinito e com as quais eles não sabem exatamente o que fazer.

Mas nós distribuímos nossas coisas de modo distinto. Começamos a entender que não temos, nunca teremos, ninguém jamais teve *a experiência de encontrar "coisas inertes"*. Se era assim que costumavam pensar as gerações anteriores, a nossa teve de aprender, em bem pouco tempo, a não acreditar nisso: tudo o que encontramos – as montanhas, os minerais, o ar que respiramos, o rio onde nos banhamos, o húmus cheio de matéria em decomposição onde plantamos nossa salada, os vírus que procuramos domar, a floresta onde vamos apanhar cogumelos – tudo, até o céu azul, é o produto, o resultado artificial de potências de agir com as quais tanto os habitantes urbanos quanto os rurais possuem uma espécie de parentesco.

Em Terra, nada é exatamente "natural", se por essa palavra entendemos aquilo que não foi tocado por nenhum vivente. Tudo é erguido, ordenado, imaginado, mantido, inventado, enredado por potências de agir que, de certa forma, sabem o que querem, ou que, ao menos, almejam um objetivo próprio a cada uma delas. Há talvez muitas "coisas inertes", formas que se desfazem sem propósito nem vontade, mas, para encontrá-las, é preciso ir *até o outro lado*: para cima, em direção à lua, ou para baixo, em direção ao centro do globo; de todo modo, além do *limes*, adentrando esse Universo que até podemos conhecer, mas do qual jamais teremos uma experiência corporal. Aliás, se o conhecemos tão bem, é porque esse Universo é composto de coisas que se desintegram gradualmente segundo leis que lhes são externas, de modo que sua desintegração é, por essa razão, *calculável* quase até a décima casa decimal. Já quanto aos agentes que erguem e mantêm a Terra, temos sempre dificuldade em submetê-los a cálculos, pois, sem obedecer a nenhuma lei que lhes seja estrangeira, eles insistem em subir a ladeira que os outros só conseguem descer. Como sempre remam contra a entropia, com eles tudo é uma surpresa. No fim das contas, "sublunar" e "supralunar" nem eram termos tão ruins assim para guiar o traçado dessa grande divisão.

Seria relativamente fácil dizer que a geração de nossos pais vê morte por toda parte, ao passo que a geração seguinte vê "vida" em tudo, mas o termo "vida" não tem o mesmo sentido nos dois casos. Aqueles que se consideram os únicos seres dotados de consciência em meio às coisas inertes concebem como viventes apenas a si mesmos, seus gatos, seus cães, seus gerânios e, talvez, o parque onde vão passear, tão logo Gregor é jogado no lixo no fim do romance. Quem sofreu a metamorfose, no entanto, sabe que "vivente" não se refere apenas aos cupins, mas *também* ao cupinzeiro, no sentido de que, sem os cupins, todo esse amontoado de lama não estaria ordenado dessa maneira, erguido como uma montanha em meio a uma paisagem (mas isso também pode ser dito da montanha e da paisagem...). Do mesmo modo, não se pode esquecer que os cupins não viveriam um só instante fora do cupinzeiro, que é, para a sua sobrevivência, o que a cidade é para os habitantes urbanos.

Preciso de um termo que diga que, em Terra, "tudo é vivo", se por isso entendemos tanto o corpo irrequieto dos cupins quanto o corpo rígido do cupinzeiro, tanto as multidões que se espremem na ponte Charles como a própria ponte Charles, a raposa bem como a pele da raposa, o castor tanto quanto sua barragem, as bactérias e as plantas assim como o oxigênio que elas emitem. Bioclástico? Biogênico? Poderíamos empregar *artificial*, no sentido um tanto incomum de pensar a invenção e a liberdade como sempre estando associadas – isso explica as surpresas a cada passo. Mas, nessa definição, não podemos esquecer a sedimentação que faz com que o cupinzeiro, a ponte Charles, o casaco de pele, a barragem e o oxigênio durem *um pouco mais* do que aqueles dos quais eles emanam – desde que outras potências de agir, cupins, construtores, raposas, castores ou bactérias os mantenham de pé. Ao contrário dos estranhos hábitos da geração que nos precede, nós, os terrestres, aprendemos a utilizar o adjetivo "vivo" para designar *as duas listas*, a que começa pelo cupim tanto quanto a que começa pelo cupinzeiro, sem jamais as separar. Isso, aliás, é algo de que outros povos nunca se esqueceram.

Logo se entende que o "conflito de gerações" oferece um pouco mais do que um simples testemunho moderno sobre a incomunicabilidade dos humanos. Atrevo-me a ir mais longe e dizer que se trata de um conflito de gêneses, ou melhor, de *engendramentos*.[17] Afinal, não é à toa que os terrestres veem algo de familiar em todos aqueles que encontram pelo caminho: todos eles têm, ou tiveram no passado, o que se poderia chamar de *preocupações de engendramento*. É comovente, aliás, como essas são as primeiras angústias de Gregor, uma vez tornado barata: o que mais o aflige é não saber como sustentar sua família!

Acabo de compreender que isso vale também para as samambaias, os abetos, as faias, os líquens que tentam resistir ao rigoroso inverno do Vercors, e que algo semelhante se passou com os recifes de corais que há muito se tornaram esse magnífico calcário urgoniano responsável por toda a beleza do Grand Veymont, cuja escarpa domina o célebre monte Aiguille. Todos eles têm de lidar com questões de subsis-

---

[17] Em francês, *engendrements*. Em *Onde aterrar?*, optamos por traduzir esse termo por "geração", seguindo Latour em suas constantes referências à *physis* grega e à física aristotélica (*Da geração e corrupção* é o título em português de um célebre tratado de Aristóteles). No entanto, desde então o conceito parece estar ganhando mais consistência em sua obra. Assim, apesar de a palavra "engendramento" não ser muito empregada em português, optamos por utilizá-la para destacar o caráter contínuo das transformações pelas quais cada ser deve passar para seguir existindo em meio a outros seres. (N.R.T.)

tência, no sentido muito simples de que devem aprender a se manter na existência. Entendo, então, que os engenheiros da cidade de Praga também se preocupem em manter a ponte Charles – joia da cidade – por meio de inspeções regulares e várias restaurações. Uma preocupação parecida levou Baptiste Morizot a reunir lobos, ovelhas, criadores de ovelhas, caçadores e agricultores orgânicos em torno da reserva da Aspas[18] no Vercors. É também por meio de invenções sutis que o famoso vírus ao qual devemos o confinamento não cessa de se recombinar para durar um pouco mais, espalhando-se cada vez mais longe, de boca em boca. A respeito de Terra, podemos dizer que consiste na conexão, associação, superposição, combinação de todos aqueles que possuem preocupações de subsistência e de engendramento. Questão que, por sua vez, a família Samsa tratou de forma um tanto simplista quando Grete cruelmente se perguntou: "Como nos livramos disso?",[19] falando de seu querido irmão-inseto...

Entendo, assim, que poderia compreender muito melhor esse conflito de gerações se aceitasse seguir mais longe, e sobretudo *por muito mais tempo*, as listas daqueles que têm preocupações de engendramento. Ocorre que, de fato, não é por acaso que esses agentes têm sempre a impressão de que existe entre eles uma espécie de parentesco. Isso se deve ao fato de que, por procederem de *pouco em pouco*, cada existente corresponde a uma invenção – os especialistas dizem

---

[18] Associação para a proteção de animais selvagens (em francês: Association pour la protection des animaux sauvages). Baptiste Morizot é um filósofo francês que defende projetos de aquisição coletiva de terras para permitir sua regeneração ecológica, como os empreendidos pela Aspas. (N.T. e N.R.T.)

[19] Na edição do livro em português, a frase é "Precisamos tentar nos livrar disso" (Franz Kafka, *A metamorfose*. Tradução e posfácio de Modesto Carone. São Paulo: Companhia das Letras, 1997, 1º ed., p. 75). (N.T.)

uma "ramificação" – que os conecta a um antecessor e a um sucessor. Cada um deles estabelece uma pequena diferença que permite construir, sempre aos poucos, algo como uma genealogia – geralmente densa, às vezes incompleta – que permite a cada um de nós retornar, como se diz, à sua origem, do mesmo modo que um salmão sobe o rio, depois o riacho e, por fim, alcança a ribeira onde nasceu.

Os habitantes urbanos aprenderam a montar sua própria árvore genealógica. Os urbanistas podem lhes contar, quarteirão por quarteirão, sobre a *evolução* – é a palavra que às vezes se usa – de sua cidade. Já no campo, a dois passos da cidade de Saint-Agnan, os geólogos podem fazer o mesmo com a *história* – é outra palavra que geralmente se emprega – dos sedimentos do Vercors. E aquele que tiver a oportunidade de passear com um botânico, ouvirá o mesmo a respeito da sociologia das plantas de montanha que perfumam a "reserva biológica integral" aos pés do Grand Veymont. E se a etnóloga Anne-Christine Taylor se juntar à conversa, ela irá contar sobre as gêneses cruzadas dos maravilhosos jardins achuar. Por sua vez, a história será mais desordenada, mais antiga e ainda mais densa se ao passeio se juntar um bacteriologista leitor de Lynn Margulis[20], que nos conduzirá entre os protis-

---

20 Lynn Margulis (1938–2011) foi uma bióloga estadunidense, autora da Teoria da Endossimbiose Sequencial (TES) ou simbiogênese. Tal teoria enfatiza a importância da fusão de genomas, ocorrida por meio da simbiose entre indivíduos distintos, nas modificações genéticas que permitiram a diversificação e complexificação da vida na Terra. Ao propor que as primeiras células com núcleo tiveram origem na fusão de bactérias primitivas há bilhões de anos, Margulis colocou a microbiologia no centro dos debates sobre a evolução. Sua parceria com o cientista/engenheiro/inventor James Lovelock a partir dos anos 1970 foi crucial para o aprimoramento da teoria de Gaia, da qual decorreram as atuais ciências do sistema Terra. A teoria de Gaia é evocada por Latour e diversos/as outros/as autores/as para pensar a Terra sob o colapso ecológico. (N.R.T.)

tas e as *archaea*, apresentando-nos as proezas de suas combinações. Mas se por acaso perdermos o fio da meada, podemos sempre retornar a períodos mais recentes através de uma visita ao excelente museu da Pré-história (logo embaixo do museu da Resistência) em Vassieux-en-Vercors, que nos permitirá seguir, por meio de outros fios, a história dos sílex, dos polens e dos talhadores de sílex, cujas lâminas magníficas circularam por toda a Europa pré-histórica. Ficamos surpresos a cada etapa dessas gêneses, mas jamais devemos perder de vista que elas são maneiras de resolver problemas que, apesar de tudo, nos são familiares. Confinados sim, mas *em nossa casa*...

Aos poucos, percebemos que a palavra "Terra" não designa um planeta entre outros – nome que era dado a diversos corpos celestes, segundo a antiga localização. Ela designa, na verdade, um *nome próprio*, que reúne todos os existentes (embora eles nunca estejam efetivamente reunidos em um todo) que têm algo de familiar por compartilharem uma origem comum, e que se estenderam, propagaram, misturaram, sobrepuseram *por toda parte*, transformando tudo de cima a baixo, refazendo incessantemente suas condições iniciais através de suas contínuas invenções. Cada terrestre vê seus antecessores como aqueles que criaram as condições de habitabilidade de que ele próprio se beneficia – Praga para a família Samsa, o formigueiro para a formiga, a floresta para as árvores, o mar para as algas, seus jardins para os Achuar –, e que espera manter para seus sucessores. "Por toda parte" significa *tão longe* quanto os terrestres puderam se estender e compartilhar suas experiências únicas; *não mais que isso*.

"Terra" é o vocábulo que abarca, portanto, os agentes (aqueles que os biólogos chamam de "organismos vivos"), *bem como* o efeito de suas ações – seu *nicho*, se preferirmos –, todos os vestígios deixados por sua passagem, o esqueleto interno assim como o externo, tanto os cupins quanto os cupinzeiros. Sébastien Dutreuil[21] propõe o emprego de uma letra maiúscula na palavra "Vida" para abarcar os viventes e tudo o que eles transformaram ao longo do tempo: mar, montanhas, sol e atmosfera, todos incluídos em uma única linhagem. Se "vida" em letra minúscula é um nome comum que designa aquilo que esperamos encontrar por toda parte no Universo, "Vida" seria um nome próprio que se aplicaria apenas a *esta* Terra e seu arranjo tão particular. Contudo, ao adotar essa distinção, correríamos o risco de incorrer em um novo mal-entendido, por a palavra "vivo" ser tão frequentemente associada ao termo organismo. Felizmente, para evitar confundir o planeta terra, com um t minúsculo, nome comum, com Terra, com um T maiúsculo, nome próprio, tenho na manga um nome técnico e engenhoso, tomado de empréstimo, como de costume, do grego: Gaia. Para o bem ou para o mal, Gaia é também o nome de uma figura mitológica particularmente rica. Não se dirá, portanto, que os terrestres estão *na terra*, nome comum, mas *com Terra* ou *com Gaia*, nomes próprios.

---

21 Ao longo do livro, Latour cita pesquisadoras e pesquisadores, autoras e autores de diferentes áreas. A maior parte desses nomes consta na bibliografia da edição. (N.E.)

4 — "Terra" é um nome feminino, "Universo" é um nome masculino

Começo a me situar como um terrestre entre outros terrestres quando, passada a surpresa, percebo que eles nunca se deslocam por aí "livremente" em um espaço indiferenciado, mas que constroem esse espaço aos poucos. Curiosamente, é a sensação de estar confinado que, enfim, permite que nos movamos "livremente". O devir-cupim nos assegura que não podemos sobreviver um minuto sequer sem construir, à força de saliva e argila, um túnel minúsculo que nos permita rastejar com toda segurança alguns milímetros mais longe. Sem túnel, não há movimento. Perdemos a antiga liberdade, mas para ganhar uma nova. Gregor sabe, enfim, como se deslocar; não como seus pais enclausurados em casa, mas a valer. Essa obrigação de estabelecer um novo canal como forma de pagar por cada deslocamento me emancipa de modo semelhante: rastejando, poderei explorar um pouco mais demoradamente onde estou – desde que pague o preço que me é exigido.

A primeira coisa é saber até onde posso ir e quais são os limites desse novo espaço no qual estou prestes a me confinar definitivamente. Em suas investigações, os terrestres rapidamente encontrariam seus limites se percorressem dois ou três quilômetros *para cima* (a distância exata está em disputa) ou se deslocassem dois ou três quilômetros *para baixo* (medida ainda mais incerta), lá onde aquelas a que os geoquímicos deram o lindo nome de "rochas-geradoras" não foram fraturadas por nenhuma raiz ou escoamento de água, tampouco degradadas por nenhum micróbio. Esse seria o limite inferior abaixo do qual começaria o Universo nas profundezas do planeta.

Ao menos isso é o que aprendo ao perambular pelos corredores do Instituto de Física do Globo,[22] seguindo Alexandra Arènes, que procura delinear esse novo espaço. Isso já nos dá – a nós, os definitivamente confinados – uma ideia bastante adequada dos nossos *confins*: os terrestres podem se deslocar, mas só podem ir tão longe quanto o lençol freático, o biofilme, a corrente, o fluxo, a maré crescente dos viventes chamados Terra ou Gaia tenha conseguido criar condições de habitabilidade mais ou menos duráveis para os que vieram depois. Não há como se deslocar nenhum metro além dessa faixa.[23]

É preciso aprender a se satisfazer com esses limites, já que não desejamos mais confundir a fina camada de existência, com alguns quilômetros de espessura, que podemos percorrer usando um equipamento adequado, com aquele outro espaço aonde só conseguimos chegar por intermédio do conhecimento imagético – seja os confins do cosmos ou o centro da terra. Assim como Gregor, ao tornar-se barata ou escaravelho, enfia-se debaixo de seu canapé para se esconder, os terrestres se dão conta de que devem se abrigar dentro de uma camada que lhes parece minúscula, se comparada com o que imaginavam daquele exterior que escolheram chamar de Universo. Antes, eles tinham a impressão de viajar sem nenhum constrangimento no Universo, estabelecendo uma localização definitiva de cada lugar graças ao quadrilhado desenhado pelas "coordenadas cartesianas", como aprendemos na escola ao comparar as escalas de um mapa.

Para designar essa camada, esse biofilme, esse verniz, Jérôme Gaillardet me ensinou a utilizar a expressão *zona crítica*.

---

[22] Em francês: Institut de Physique du Globe. (N.T.)

[23] Em francês, *estran*, faixa de areia da praia que fica descoberta quando a maré baixa. (N.R.T.)

O termo é bastante adequado, pois é de fato uma questão *crítica* compreender a tensão, a fragilidade, a borda e a interface; mas tal compreensão exige modificar o sentido desse adjetivo. Na minha juventude, as gerações anteriores entendiam por "espírito crítico" a capacidade de aprender a duvidar guardando distância. Viver em uma zona crítica, por sua vez, consiste em aprender a *durar um pouco mais* sem ameaçar a habitabilidade das formas de vida que virão depois. O adjetivo "crítico", assim, não se refere apenas a uma qualidade subjetiva e intelectual, mas sim a uma situação perigosa e terrivelmente objetiva, indicando, portanto, uma *proximidade crítica*.

Não se trata somente de uma questão de espaço, mas também de consistência das relações, como se tivéssemos mudado de mundo e nada ressoasse como antes. Isso dá àqueles que se desconfinam o sentimento de terem vivido a mesma metamorfose que Gregor. No fim das contas, não somos mais exatamente "humanos" como antigamente, e é isso que nos incomoda tanto – mal-estar especialmente perceptível quando praguejamos contra as máscaras que quase nos asfixiam.

Durante o confinamento, pudemos constatar (ao menos os mais privilegiados entre nós) que, embora não fôssemos autorizados a sair de nossos apartamentos ou caminhar além do quilômetro regulamentar,[24] tínhamos acesso, por intermédio dos "meios de comunicação", a um *outro mundo* de filmes, de Zoom™, de Skype™ e de Netflix™. Sentimos um forte contraste entre, de um lado, as paredes, os móveis, o quarto, a cama, o gato, as crianças, tudo o que podíamos tocar, medir, cheirar, e, de outro, as histórias, os cursos, as compras a distância e os *chats* que provinham desse outro mundo, mas que

---

[24] O autor se refere às regras impostas pelo governo francês nos períodos de confinamento por conta da pandemia da Covid-19. (N.E.)

não podíamos nem tocar, nem sentir, nem abraçar. Guardadas as devidas proporções, talvez haja uma diferença dessa ordem entre a experiência que os terrestres têm de sua zona crítica e a compreensão *indireta* que podem ter do Universo.

Para acessar este último, obviamente não basta dispor de um bom *wi-fi*. É preciso ter acesso ao fluxo de imagens, inscrições, vestígios e artigos fornecidos pelos instrumentos, sensores, sondas, campanhas de escavações, explorações e satélites que as vastas comunidades de estudiosos, mais ou menos bem equipadas, inventaram ao longo do tempo. Contudo, por mais extraordinárias que sejam as séries de dados assim obtidas, por mais notável que seja a imaginação necessária para interpretá-las, por mais precisos que sejam os cálculos que permitem relacionar os dados entre si, não se pode negar que tais estudiosos não se afastam sequer um centímetro do escritório onde contemplam a tela em que cintilam seus dados. Para usar uma expressão que o confinamento popularizou, estão todos *em home-office*, ou seja, distantes daquilo de que falam. Eles acessam essas coisas do modo mais objetivo possível, mas eles próprios nunca saem de onde estão. Além disso, se parassem de consultar suas telas, arriscariam passar furtivamente de um conhecimento imagético à imaginação, depois ao imaginário, talvez até ao devaneio. Por mais longe que possam ir, para que se conheça *com certeza*, eles devem permanecer atados a seus dados, literalmente com o nariz em seus cálculos. Sua visão nunca é, portanto, "de lugar nenhum". Não há quem não tenha compreendido esse aspecto da sociologia das ciências ao acompanhar, dia após dia, o progresso em zigue-zague do conhecimento sobre o vírus. Sem dúvida, a lenta e dolorosa produção de conhecimento objetivo se soma ao mundo: ela não o sobrevoa.

É fundamental não esquecer essa lição do confinamento, e seria mesmo perigoso confundir as "tarefas domésticas" com o teletrabalho, pois o comportamento dos terrestres não obedece necessariamente às mesmas regras que o movimento do que está além do *limes*. As coisas do Universo – às quais temos acesso por meio de imagens – encenam, quando vistas assim de tão longe, um espetáculo no qual parecem obedecer a leis que lhes são exteriores. Porém, as preocupações de engendramento dos terrestres provêm do fato de que o curso de sua ação[25] é *interrompido* em todos os pontos pela intrusão de outros atores dos quais eles dependem. Confundir esses dois comportamentos seria como se um professor acreditasse que um curso online pode substituir um curso "de verdade"; ou como se um torcedor de futebol não pudesse distinguir um jogo de videogame de uma partida "física"; ou, ainda, como se um filósofo confundisse a ciência já constituída com a ciência em vias de se constituir. Respeitar essa diferença significa jamais perder de vista as inúmeras *surpresas* que interrompem continuamente os cursos de ação dos terrestres que interagem entre si. (O adjetivo "terrestre" não designa um tipo de existente – pulgas, vírus, executivos, líquens, engenheiros ou fazendeiros –, mas apenas uma maneira de se *localizarem*, enunciando a série de ascendentes e descendentes, cujas preocupações de engendramento se cruzam em algum momento.)

Uma vez online, corremos o risco de pensar que os fenômenos simplesmente *se desdobram de forma contínua* a partir de um ponto de origem até uma conclusão previsível. Pode-se até chegar a acreditar que, dado um estado inicial, "todo o resto" se sucede "como previsto" – esse é o perigo da vida em

---

[25] Latour emprega, aqui e em outras passagens, a expressão *cours d'action*, tomada emprestada do vocabulário da etnometodologia e das ciências cognitivas, como a semiótica. Ela significa simplesmente "atividade" e é usada pelo autor para chamar a atenção aos movimentos realizados por todo e qualquer ente para seguir existindo. (N.R.T.)

teletrabalho. Porém, com Terra e, portanto, na "vida real", há surpresas de todos os níveis. A continuidade é necessariamente a exceção, já que as preocupações de engendramento exigem de cada existente algo como uma invenção, uma criação, por menor que seja, que lhe permita alcançar seus objetivos transpondo os inevitáveis hiatos da existência que se impõem aos que escolheram durar um pouco mais. Convém, assim, não confundir o caráter *online* do acesso ao Universo com o modo *presencial* da vida com Terra.

E, no entanto, sinto que as gerações anteriores – já que se trata de um conflito de gerações ou, mais precisamente, de um conflito de engendramento – nos levaram a confundir os dois tipos de movimento. Com isso, tornaram a vida impossível para nós! Depois de séculos tentando imaginar o Universo segundo o modelo fornecido por Terra – na famosa analogia entre o micro e o macrocosmo –, achamos por bem posteriormente tomar o Universo como se fosse um excelente modelo para pensar a vida na Terra. Isso significou tentar *nivelar todos os hiatos*, substituindo-os pelo simples *desdobramento* de fenômenos já de antemão conhecidos, como se *fluíssem* continuamente de suas causas para suas consequências. Isso significou se comportar como se não tivéssemos qualquer preocupação de engendramento para garantir a continuidade dos cursos de ação. Com isso, podemos dizer que aquilo a que antes chamávamos, ainda em grego, de *physis*, encontra-se encoberto, enterrado, escondido sob "Natureza" – da qual se costumava dizer, com razão, que ela "ama se ocultar"![26]

Para além disso, é a partir dessa distância entre laboratório e campo de pesquisa que os investigadores das zonas

---

[26] Latour se refere ao fragmento 123 de Heráclito: "a natureza ama ocultar-se", na tradução de Alexandre Costa, ou "o surgimento já tende ao encobrimento", na de Emmanuel Carneiro Leão. (N.T.)

críticas elaboraram seu paradigma: se o laboratório prevê tão mal o que se passa no campo, é porque os fenômenos que se desdobram rapidamente no primeiro são *desacelerados* no segundo pela *intrusão* de milhares de outros atores no curso esperado das transformações químicas, desviando sua cinética e complicando os cálculos. Quanto mais observatórios de zonas críticas houver, maior será a *heterogeneidade* de Terra. Mas, dizer que uma zona crítica é "heterogênea" significa insistir nas preocupações de engendramento e na mistura de seres de que sua habitabilidade depende no longo prazo. Isso exige a invenção de modelos *ad hoc* envolvendo um maior ou menor grau de bricolagem para cada fenômeno e para quase todo local, até que se obtenha o inventário de todos os entrelaçamentos.

O que torna tudo ainda mais difícil é que Terra ou Gaia não se estende "por toda parte". Quando Timothy Lenton se pôs a observar a zona crítica do ponto de vista do Universo – ou seja, desde que começou a observar tudo que há de mais terrestre a partir de seu escritório no Instituto Global da Universidade de Exeter,[27] cercado por excelentes pesquisadores –, percebi que Gaia pesava quase nada, quando comparada à energia proveniente do sol (Gaia equivale a 0,14% desta), ou à energia oriunda do centro do planeta terra (nome comum que não mais confundimos com o nome próprio). Isso explica a dificuldade dos físicos em levar a sério a influência da vida nos processos de Terra. Visto de longe, o biofilme em que os terrestres estão confinados parece um líquen muito frágil; daí a enorme tentação de desconsiderar inteiramente aquilo que acontece com Terra, que supostamente se resumiria a um pouco de poeira, um pouco de húmus, um pouco de lodo. Pobres terrestres, tendo de pagar por sua subsistência segundo a

---

[27] Localizado no Condado de Bristol, no sudoeste da Inglaterra. (N.E.)

segundo, remendando suas pobres bricolagens! A bengala do papai Samsa ainda se ergue contra essas desditadas baratas. Agimos como se a vida presencial fosse um pobre substituto da verdadeira vida virtual.

Isso não impede Terra de, por vezes, acomodar porções do Universo. Por meio de uma série de cálculos, de uma grande quantidade de equipamentos e de um longo aprendizado, felizmente é possível criar, no interior de recintos protegidos, sem comunicação com o exterior, pequenos reservatórios de Universo, onde as coisas se desdobram efetivamente como previsto, fluindo das causas para as consequências. Só chegamos a isso, porém, depois de descobertas fantásticas e de repetições infindáveis durante as quais nada saiu como planejado... É assim que se passa nos laboratórios (tão estimados por historiadores e sociólogos da ciência), mas também com os aceleradores de partículas, as baterias nucleares e até mesmo o estupendo Reator Termonuclear Experimental Internacional,[28] que consegue gerar, através de um *confinamento* verdadeiramente extremo, alguns microssegundos de fusão semelhante àquela que faz o sol brilhar. Mas essa façanha ocorre justamente na cidade de Saint-Paul-lez-Durance, em Bouches-du-Rhône, com a injeção de muitos bilhões e, sobretudo, sem que se possa deixar o recinto zelosamente guardado por técnicos, engenheiros, inspetores e vigias (todos perfeitamente terrestres), já que afrouxar o aspecto controlado desses experimentos poderia gerar uma verdadeira catástrofe.

Esses reservatórios, poças ou pedaços isolados de Universo em Terra nunca formam, portanto, um todo contínuo, apenas em sonho. Eles são uma espécie de cadeia fechada –

---

[28] O autor emprega a sigla em inglês ITER, de International Thermonuclear Experimental Reactor. (N.T.)

e põe fechada nisso! – em que cada um desses reservatórios depende da ingenuidade dos viventes, dos engenheiros, pesquisadores, técnicos e gerentes. Não há nada nessas localidades que possa *substituir* aquilo com que Terra é urdida. Acredito que todos tenhamos notado isso, ao ver a dificuldade dos médicos e dos epidemiologistas em "unificar", dia após dia, seus conhecimentos sobre a maldita Covid-19.

Ao contrário das ilusões das gerações anteriores, que viam Gaia como manchas estranhas que se destacavam no espaço homogêneo, liso e contínuo do Universo, os terrestres, invertendo a imagem, são mais propensos a encontrar em seus caminhos pequenas ilhas de Universo. Tais ilhas são mantidas com grande esforço e se destacam claramente pela nitidez de suas bordas, que contrastam com a leve tapeçaria resultante do entrelaçamento que os viventes – eles próprios emaranhados – não cessam de remendar. Sim, esses arquipélagos são admiráveis; meus olhos enchem de lágrimas sempre que ouço a descrição de uma bela experiência. Mas tais ilhas não passam de exceções em um mundo sustentado continuamente por outras potências de agir. É como se estivéssemos diante daquelas imagens ambíguas em que um coelho pode se tornar um pato, o que estava no fundo passando ao primeiro plano.

Este é mais um tema com ares metafísicos para o qual o recente confinamento oferece um modelo realmente admirável. Fomos obrigados a reconhecer, enquanto viajávamos online pelos "espaço infinitos" (ou éramos transportados para dentro de séries de TV com vários episódios...), que não poderíamos sobreviver por muito tempo sem uma multiplicidade de profissões às quais até então não prestávamos muita atenção: trabalhadores da gastronomia, entregadores, transportadores, sem esquecer dos enfermeiros, motoristas de ambulância e cuidadores – que formam todo um grupo de pessoas mal pagas e pouco respeitadas, muitas vezes "de cor", como se dizia antigamente, e por vezes sem qualquer registro ou documentos. "Assegurar a continuidade" da vida mais comum, por meio de uma ação tão simples quanto a de se alimentar, exige o apoio de muitos agentes; tínhamos uma vaga ideia disso, mas foi duro verificar na prática. As atividades que costumávamos desprezar se tornaram essenciais, mas o contrário também se passou. De repente, diante da obrigação de ensinar os filhos a ler e fazer contas, o trabalho dos professores se revelou muito difícil para os pais. Em cada família, as grandes injustiças na divisão das tarefas entres os sexos saltaram ainda mais aos olhos. A vida cotidiana exigia, ela também, um trabalho constante para assegurar a simples reprodução dos dias.

A experiência do confinamento me parece bem instrutiva porque ela nos torna sensíveis à longa história de eliminação das preocupações de engendramento ao longo do tempo. Basta que nos detenhamos por um momento à etimologia da palavra a fim de entender do que se trata: estas são preocupações ou, mais propriamente, *distúrbios de gênero*. Não é à toa que, ao menos na língua francesa, Terra é um nome (próprio) feminino – assim como Gaia, não custa lembrar –, enquanto Universo é um nome masculino. Ao lado de outras filósofas e historiadoras, Émilie Hache vem desfazendo a estranha repartição que limitava as questões de engendramento à procriação das fêmeas (tornadas mães), enquanto atribuía aos machos uma gênese bem diferente, inteiramente desobrigada do nascimento – já que eles nasceriam a partir de *si próprios*, como se fossem autóctones! Tal repartição produziu a identificação das fêmeas com o nascimento, a maternidade e a vida, ao passo que os machos nasceriam diretamente do Universo – isso se chegassem a admitir que também nascem...

De um lado, todas as preocupações de engendramento; do outro, a desobrigação de qualquer questão ligada à procriação, educação ou cuidado.

Tenho a impressão de que os terrestres gostam de contar outras histórias, que não se assemelham muito àquelas contadas por seus pais – *especialmente pelo pai* –, e constroem entre si outras genealogias. Foi o que aprendi com Donna Haraway. Não se deve confundir o engendramento e a reprodução idêntica. Esta última significa a *redução* da capacidade de gênese a apenas um dos dois gêneros, circunscrevendo o feminino à procriação – e remetendo o masculino a quê? Engendrar é certamente algo que se faz de múltiplas maneiras. Como Donna Haraway diz: "*Faça parentes, não filhos*".[29] Melhor então seria estabelecer uma distinção clara entre aqueles que reconhecem que nascem, que precisam de cuidados, que têm antecessores e sucessores – ou seja, os terrestres – e aqueles que se pensam trazidos pela cegonha ou vindos do repolho, que se creem saídos inteiramente prontos da coxa do Universo,[30] não tendo outro desejo senão o de voltar para lá. Não faz muito tempo que estes últimos reservaram para si o privilégio de se autodenominar "humanos". Mas eis que agora sofrem um choque que os deixa desorientados: Gaia e o feminino são indissociáveis!

---

[29] Latour emprega a expressão em inglês: "*Make kin not baby*", atribuindo-a a Donna Haraway. Mas o *slogan* da autora é ligeiramente diferente: "Make Kin Not Babies". Optamos por traduzir ao português mantendo o plural da expressão original. (N.T e N.R.T.)

[30] Referência à passagem na mitologia grega que aborda o nascimento de Dioniso da coxa de Zeus. (N.T.)

5 — Distúrbios de engendramento em cascata

O confinamento imposto pelo vírus pode servir de modelo para nos familiarizarmos aos poucos com o confinamento generalizado imposto por aquilo que vem sendo designado pelo eufemismo "crise ecológica". Sentimos na pele que não se trata de uma crise, mas de uma mutação: não temos mais o mesmo corpo e não nos deslocamos mais no mesmo mundo de nossos pais. Acontece agora conosco o mesmo que sucedeu a Gregor Samsa, e estamos apavorados com esse aprisionamento definitivo. Ninguém é capaz de experimentar (ao menos não ainda) a estranha promessa trazida pelo termo "metamorfose", escolhido para traduzir o título do livro de Kafka, *Die Verwandlung*. É de fato muito cruel não poder mais viver como os humanos de antigamente, isto é, como os humanos modernos. E o mais estranho é que essa angústia é compartilhada por todos, em todos os níveis. Ela diz respeito a todos os existentes, a ponto de introduzir algo como *um novo tipo* de *universalidade*, inteiramente estrangeira àquela que, até pouco tempo atrás, era evocada na expressão "os humanos". A cascata de distúrbios no engendramento que presenciamos hoje parece nos unificar, apesar de tudo e à nossa revelia.

Essas inquietações são identificadas antes de mais nada nas posições políticas. Quando um grupo de jovens batiza seu movimento de "Rebelião ou Extinção",[31] não é difícil tomar isso como o sintoma de uma dúvida angustiante quanto à con-

---

[31] No original, "Extinction Rébellion" ("Extinction Rebellion" em inglês). Movimento mundial de desobediência civil para exigir ações que freiem as mudanças climáticas e o colapso ecológico, lançado em 2018 no Reino Unido. Em português é chamado de "Rebelião ou Extinção". (N.T. e N.R.T.)

tinuidade das gerações – e sua preocupação não é apenas com o destino dos humanos. Tampouco é preciso ser muito perspicaz para perceber, na atual viralização de ideias como desintegração e colapso, versões do "mundo em suspenso" tão bem diagnosticado por Déborah Danowski e Eduardo Viveiros de Castro.[32] É como se todo mundo dissesse: "Não há mais nada além desse limite. *No future*".

Posso estar enganado, mas reconheço no outro lado do espectro político uma preocupação semelhante, que ali se expressa no pânico diante do retorno do feminino, a ponto de as "teorias de gênero" serem tomadas como uma agressão insuportável "contra a família", obrigando uma retomada ainda mais estridente da "luta contra o aborto" e contra outras expressões da sexualidade. Como falar mais explicitamente de preocupações de engendramento? E o que dizer da obsessão da extrema direita com a "Grande Substituição"?[33] Claro que trata-se aqui de ódio contra outros humanos e não de uma raiva diante da destruição dos seres não-humanos; mas o medo não seria o mesmo? Nesse momento em que as opiniões parecem mais radicalmente divididas do que nunca, não estariam elas unidas, apesar de tudo, pela mesma angústia? Sobre todos os projetos políticos pesaria, assim, uma ameaça difusa

---

[32] Latour refere-se ao ensaio "L'arrêt de monde", escrito pela filósofa Déborah Danowski e pelo antropólogo Eduardo Viveiros de Castro e publicado como capítulo do livro *De l'Univers Clos au Monde Infini*, (Org. Émilie Hache. Paris: Dehors, 2014, pp. 221–339). O texto foi revisto, ampliado e publicado em português como livro: *Há mundo por vir? Ensaio sobre os medos e os fins* (Desterro [Florianópolis]: Cultura e Barbárie, Instituto Socioambiental, 2014). (N.T.)

[33] Teoria da conspiração de extrema-direita que afirma estar em curso um processo deliberado de substituição de povos europeus por uma população não-europeia, originária principalmente da África Subsaariana, do Magrebe e demais países árabes. (N.T.)

de extinção, como se o princípio genealógico tivesse sofrido uma interrupção brutal. Kafka não teria ficado surpreso: de fato, todas as "famílias políticas" possuem *problemas familiares*.

Percebemos que houve uma mutação porque a política não suscita mais em nós os mesmos afetos. Além disso, o que mais nos preocupa durante o confinamento não é que se retome rapidamente a produção; ao contrário, há uma desconfiança generalizada quanto ao interesse em "retomar" a "via do progresso" de antes. Em vez de buscar uma "retomada" imediata, muitos de nós parecem estar mais preocupados com os riscos aos quais estão expostas as gêneses de todas as formas de vida. De repente, a questão retorna ao seio da família: "em que terra meus dependentes e eu poderemos viver?". Afinal, de que outro modo podemos entender essas novas formas de interesse pelo solo, pela terra, pelo local (sem falar na atração exercida pela jardinagem e no entusiasmo incomum pela permacultura), que dez anos atrás me pareceriam "reacionárias"? Se não consigo situá-las facilmente entre esquerda e direita é porque, de fato, todo mundo "reage" de mil maneiras à mesma inquietação, exibindo mil sintomas diferentes. É como se o coração da vida pública estivesse efetivamente dominado pelo problema da *retomada*, mas uma retomada profundamente existencial das gerações: de insetos e de peixes, de climas e de monções, de línguas e de países, bem como dos descendentes humanos. Isso é o que fica bem claro na figura do retorno à terra: é chegada a hora de aterrar de vez, mas a terra da qual havíamos tentado decolar não é mais a mesma...

A dúvida sobre a reprodução das condições de habitabilidade se tornou ainda mais dolorosa com o colapso da "ordem internacional". Aparentemente, enfrentamos tantas dificuldades para definir a continuidade de nossa história genealógica quanto para estabelecer os limites de nossa história nacional. Se há um modo de demarcação do antigo planeta terra que não corresponde em nada às exigências, influências, misturas e relações dos existentes que formam Terra, sem dúvida é aquele que delimita as soberanias herdadas do passado. Como mostra Pierre Charbonnier, cada Estado circunscrito por suas fronteiras é obrigado, por definição, a *mentir* a respeito daquilo que lhe permite existir, já que, para ser rico e desenvolvido, ele deve se estender sem alarde sobre outros territórios – pelos quais, no entanto, não se vê de modo algum responsável. Essa é a hipocrisia fundamental que cria uma desconexão entre *o mundo no qual vivo* como *cidadão* de um país desenvolvido e *o mundo do qual vivo* como *consumidor* desse mesmo país. É como se cada Estado rico se fizesse acompanhar por um Estado fantasma que não cessa de assombrá-lo, uma espécie de *Doppelgänger*[34] que o sustenta, de um lado, e que é devorado por ele, de outro.

Um Estado não se reproduziria como tal se estivesse limitado às suas fronteiras. Daí decorre sua atual preocupação: como subsistir? Tal desequilíbrio se apresenta inevitavelmente como uma angústia, especialmente para os ricos, e ainda mais para as gerações que se beneficiaram por muito tempo daquela situação, os célebres e espaçosos *baby boomers*. E a sensação de sufocamento aumenta à medida que as mudanças climáticas se intensificam. Muitos de meus concidadãos parecem compartilhar esse pânico que se expressa sob a forma de um retorno imaginário a uma pátria remota, ainda mais estranha às condições que permitiriam a retomada da vida que o mundo globalizado para o qual navegávamos até então. Isso faz com que a tentação nacionalista se espalhe por toda a parte justo quando o termo *nação* em nada pode ajudar um povo a *renascer*. Trata-se de renascimento, é verdade; mas *onde* e *com quem*?

---

[34] Termo alemão usado para designar o duplo, o gêmeo ou a cópia de uma pessoa – geralmente sua versão maligna. (N.R.T.)

Se parece impossível que os cidadãos dos Estados-nação consigam responder a essas perguntas (sobretudo nos países ricos e poderosos), isso se deve à própria noção de *fronteira*: os Estados julgam proteger seus cidadãos por meio dela, mas tal noção é o que impede, no fim das contas, seu próprio sustento. Basta lembrar o caso da reserva no Quênia, visitada por David Western,[35] onde um bilionário havia cercado o espaço com barreiras imensas para que sua "vida selvagem" (sua *wild life*) não escapasse. Alguns anos mais tarde, a reserva tornou-se um deserto onde pastavam apenas algumas vacas magras, todas preguiçosas ou fracas demais para pular a cerca. Esse é o novo universal que abrange todos os existentes, ainda que se trate de um universal particularmente complicado: os *limites da noção de limite* nos concernem a todos; temos muita dificuldade em situar o *nomos* da terra. Parece-me que a intrusão de Gaia não se manifesta apenas como um simples interesse pela "Natureza", mas sobretudo como uma incerteza geral a respeito de nossos invólucros protetores. Se a má notícia é o confinamento, a boa notícia é a reconsideração das noções de fronteira. Perdemos a estranha ideia de que poderíamos escapar de qualquer limite, mas ganhamos a liberdade de nos mover de emaranhado em emaranhado. De um lado, a liberdade é constrangida pelo confinamento, mas de outro, finalmente nos livramos do infinito.

Com isso, precisamos pensar não mais em termos de *identidade*, mas de *superposição* e de *apropriação* para nos aprofundarmos na etologia dos viventes. Os ecologistas chamam de *autótrofos* aqueles que se alimentam *por si mesmos*, recolhendo tudo de que precisam para viver, beneficiando-se do sol à maneira daquelas pessoas que afirmam "viver de luz" (ainda que,

---

[35] Fundador e presidente da African Conservation Center, organização com sede em Nairobi, no Quênia, que trabalha pela conservação da biodiversidade em diversas regiões de África. (N.R.T.)

no caso destas, isso não seja verdadeiro). Entre os autótrofos, estão as bactérias e as plantas, mas também, sem dúvida, Gaia. A rigor, no sentido legal, poderíamos dizer que somente os autótrofos teriam o direito de se considerarem autônomos e autóctones e realmente delimitados por uma fronteira. Só eles teriam uma identidade. Eles seriam os beneficiários naturais de uma espécie de *direito de propriedade exclusivo*, ainda que fosse pouco provável que isso lhes interessasse, visto que não dependem, de fato, de nenhum terrestre para realizar suas atividades. Mas esse não é o caso dos *heterótrofos*, ou seja, de todos os outros, todos aqueles com quem convivemos diariamente, sejam animais ou pessoas. Porque estes dependem, para existir, de um corpo fantasma (por vezes de dimensões extravagantes, como por exemplo, os Estados), eles não têm nenhum direito, ao menos nenhum *direito natural*, de reivindicar um privilégio de propriedade exclusivo. Podemos até mentir e agir com hipocrisia, negando a existência dos terrestres que nos sustentam, mas isso desencadeia em cada um de nós uma enorme crise de consciência. Nosso infortúnio consiste em estarmos confinados sem termos propriamente uma casa para chamar de "nossa", mas é justamente isso que nos permite escapar das armadilhas da identidade. Graças ao confinamento, respiramos, enfim!

No entanto, essa delimitação entre autótrofos e heterótrofos não é inteiramente clara, já que, devido a seu metabolismo simples, as bactérias e as plantas inevitavelmente deixam dejetos para trás. Aliás, é considerada canônica a explicação da história antiga da terra segundo a qual as cianobactérias, por mais autótrofas que sejam, começaram a poluir a atmosfera há dois bilhões e meio de anos com o rejeito de um oxigênio altamente tóxico para seus antecessores, os chamados "anaeróbios". Estes tiveram, por essa razão, de se refugiar nas profundezas para sobreviver. Vemos, assim, que os autótrofos também influenciam de modo decisivo os outros terrestres, os quais foram obrigados a se virar com as consequências imprevistas daquelas ações. Emanuele Coccia gosta de definir os animais ditos "superiores" (incluindo os humanos) como aqueles que respiram as excreções das plantas. Trata-se realmente de uma definição mais precisa dos terrestres: *a montante*, eles dependem daquilo que os sustenta e, *a jusante*, fazem os que vêm depois dependerem daquilo que os antecessores rejeitaram. A tessitura de Terra se faz por meio dessas concatenações.

É isso que indica que os afetos políticos estão sofrendo uma renovação acelerada, uma verdadeira metamorfose. Quando os "humanos" de antigamente se apresentam a outros povos como "indivíduos" dotados do privilégio de reivindicar um direito de propriedade exclusivo, a nós, os terrestres, eles soam cada vez mais estranhos. Esse direito de ser "individual" só pode ser reivindicado por existentes *perfeitamente autótrofos e que não deixam para trás nenhum resíduo* – o que se aplica somente a Gaia, já que, por definição, ela está encerrada em seus limites e em seus nichos. (Isso lhe permitiria, ainda de acordo com a mesma lógica e se isso lhe interessasse de algum modo, reivindicar um direito de propriedade e até uma nova forma de soberania; tratarei disso a seguir.) Mas se existe uma tribo que não pode, em nenhum caso e sob nenhum aspecto, declarar-se composta por indivíduos delineados como se fossem figuras de arame, dentro de uma fronteira segura, é o "humano" moderno, grupo ao qual, até bem recentemente, tínhamos orgulho de pertencer. É por isso que a descrição do devir-inseto de Gregor Samsa parece tão *realista* em comparação aos demais personagens do romance delineados de forma tão grosseira.

A crise universal revelada pelo confinamento decorre da constatação de que todas as ferramentas jurídicas e intelectuais com que os "humanos" pensavam suas relações aplicavam-se a um mundo que ninguém jamais habitou! É compreensível que estejam apavorados. É como se, subitamente, personagens de livros de ficção se dessem conta de que vivem com Terra, de que estão definitivamente emaranhados, embaralhados, enlameados, sobrepostos uns aos outros, sem poder limitar esses laços exclusivamente à cooperação ou à competição. Como Gregor, estão todos atrapalhados com suas patas e suas antenas – isso sem mencionar suas excreções.

Não é novidade para ninguém que limites individuais sejam incômodos, mas agora entendo por que essa figura do indivíduo, que não existe em lugar nenhum de Terra, só tenha encontrado sua forma mais acabada bem tardiamente, na América do Norte, depois da última guerra, em um livro tão denso quanto terrivelmente eficaz, escrito por uma certa fundamentalista chamada Ayn Rand. A história conta que, como Atlas, os empresários que a autora admira se sentem esmagados pelo peso de sustentar o mundo (no seu caso, o peso viria do excesso de impostos). Eles decidem, então, abandonar esse fardo, refugiando-se em um vale misterioso, um segundo mundo imaginário inventado para fugir do primeiro. O título do romance dessa pessoa adorável é *Atlas deu de ombros*![36] Nessa obra de ficção, que se passa em um país "fora-do-solo",[37] os heróis, indivíduos "superiores" que "não devem nada a ninguém", decidem entrar em greve, matando de fome todos os pobres coi-

---

[36] Tradução literal do título original do livro em inglês, *Atlas Shrugged*. O título do livro em francês é *La Révolte d'Atlas*, solução escolhida também para sua versão em português (*A revolta de Atlas*). Optamos por seguir Latour na tradução literal do título em inglês porque ela reforça seu argumento. (N.R.T.)

[37] Expressão empregada por Latour pela primeira vez em *Onde aterrar?* (Rio de Janeiro: Bazar do Tempo, 2020) para designar imagens de mundo alheias às condições terrestres das quais dependemos para existir. O país "fora-do-solo" em questão, escusado dizer, é os Estados Unidos. (N.R.T.)

tados que ficam privados de suas iniciativas formidáveis! Seria como se a viagem espacial de Elon Musk para Marte fizesse chorar de tristeza os nove bilhões de terráqueos abandonados por ele... *left-behind poor blokes*.[38] Obviamente, não reconhecemos com Terra nenhum desses personagens do romance. O indivíduo no mundo é sempre uma singularidade literária, um *cogito* que só existe enquanto teatro, como sabemos desde Descartes. Assim, diante de alguém que se apresenta como indivíduo e que reivindica um direito de propriedade exclusivo sobre algum bem, não há outra reação possível senão rir.

O mais estranho é que isso vale tanto para o indivíduo político quanto para o indivíduo biológico. Se os Estados têm alguma dificuldade em "administrar", por assim dizer, tanto seus recursos quanto seus dejetos, não devemos culpá-los, pois os biólogos têm o mesmo problema com o que chamam de "organismos vivos" – sejam os animais considerados por inteiro ou apenas suas células e genes. A cascata segue se desdobrando em todas as ciências naturais, nas quais o tempo todo se enfrenta a dificuldade de manter os existentes separados uns dos outros.

Aprendi com Scott Gilbert e Charlotte Brives que, se os organismos realmente obedecessem às exigências do neodarwinismo – isto é, se fossem realmente feitos de genes egoístas, inseridos em organismos que calculam com precisão seus interesses de reprodução –, eles, paradoxalmente, seriam incapazes de sobreviver. Isso porque, em primeiro lugar, esses organismos dependem de nichos que lhes assegurem condições de habitabilidade mais ou menos favoráveis. E, em segundo lugar, porque eles necessitam, a cada etapa de seu desenvolvimento, da ajuda inesperada de outros agentes. O que, afinal, pode sig-

---

[38] Latour emprega a expressão em inglês, que significa algo como: "*pobres coitados deixados para trás*". (N.T.)

nificar a seleção natural de uma vaca, se a formação de seu intestino depende da seleção paralela de uma miríade de bactérias, as quais, no entanto, não integram seu DNA? O que, afinal, é um corpo "humano" se o número de micróbios necessários à sua manutenção excede em muitas ordens de grandeza o número de suas células? A incerteza a respeito das bordas exatas de um corpo é tão grande que Lynn Margulis propôs substituir a noção demasiado limitada de organismo pelo que ela chama de "holobionte": conjunto de agentes em forma de nuvens com contornos imprecisos. É por meio desse conjunto que as membranas pouco duráveis conseguem subsistir, graças à ajuda que o exterior aporta ao que se encontra no interior delas.

O que torna o confinamento ao mesmo tempo tão doloroso e tão tragicamente interessante é que a questão do engendramento se impõe agora em todas as escalas e para todos os existentes, produzindo uma incerteza crescente a respeito da noção de limite. Ainda que eventualmente a pandemia da Covid-19 chegue ao fim, compreendemos que ela apenas prefigura uma situação nova da qual não mais poderemos sair. Disso decorre a irrupção de uma forma bastante paradoxal de universalidade que é, a um só tempo, negativa – ninguém sabe como se safar permanentemente – e positiva – os terrestres se reconhecem como aqueles que estão todos no mesmo barco. De um lado, sentimo-nos prisioneiros; de outro, libertados. De um lado, sufocamos; de outro, respiramos. Resta saber se a expressão "consciência planetária", até então vazia, começaria a ganhar algum sentido. É como se ouvíssemos ao longe esse *slogan* inesperado, mas cada dia mais consistente: "Confinados de todos os países, uni-vos! Vocês têm os mesmos inimigos: aqueles que querem fugir para outro planeta".

6 — "Aqui embaixo" — mesmo porque não há alto

O que mais me perturba quando tento conversar sobre essa nova inserção do planeta na política é a impressão de que estou impedindo meus interlocutores de respirar, como se eu interrompesse o funcionamento do respirador de um paciente gravemente acometido pela Covid. Todas as emoções modernas impeliam a se extrair, a escapar, a se emancipar, a respirar a plenos pulmões, até que, de repente, em razão dessa transformação a que me refiro, temos a impressão de sufocamento. Depois de um tempo, porém, notamos que respiramos melhor.

A situação é ainda mais difícil para as pessoas religiosas que se encontram perdidas na expressão de sua fé. De um lado, é só *por um tempo* que elas aceitam viver nesse vale de lágrimas, antes de poder partir *para outro lugar*; de outro, o sentimento de que o confinamento é definitivo e que não é mais possível partir (nem mesmo "para o Céu", se recorrermos a uma imagem que lhes é cara) confere ao "aqui embaixo" uma dignidade igualmente definitiva. Se isso significa para eles o abandono de todas as suas esperanças, ao mesmo tempo consiste na condição mesma para que elas se realizem. Afinal, que sentido haveria na encarnação de um Deus que se fez homem se fosse preciso escapar desse mundo?

É claro que esse "alto" nunca significou, como todos os religiosos sabem muito bem, uma *altitude* que se poderia medir com um *laser* se deslocando em um espaço isotrópico (aquele das famosas coordenadas cartesianas). Os fiéis que outrora dirigiam seu olhar, suas convicções e suas esperanças "para o Céu" não mediam a distância em quilômetros, mas em *valor*.

A auréola dourada de um ícone bizantino está, de fato, "em cima", mas isso é apenas para estabelecer o maior contraste possível com o "aqui embaixo" dos pobres pecadores representados por cores mais sombrias. Esse contraste coincide com aquele que, mais tarde, quando nos acreditarmos modernos, distinguirá a terra do céu (*sky*); mas nada naquele outro céu (*Heaven*) exige que tenhamos realmente de partir subindo pelos ares de uma vez por todas (como o foguete que deve levar Elon Musk a Marte, para grande desespero dos terráqueos...). Que a alma da Virgem, acolhida por seu Filho, tenha sido levada para o alto do ícone não significa que tenha subido estupidamente pelo espaço, mas sim que ela se metamorfoseou enquanto subia ao *Céu*.

Sob diversos aspectos, no entanto, tudo ficou mais complicado desde os tempos antigos. A importação gradual para Terra das formas de deslocamento no espaço imaginadas para o Universo, que vinha ocorrendo desde o século XVII, acabou por tornar incompreensível aquilo que até então se chamava de *aqui embaixo*. Este consistia em uma forma antiga, primitiva e ancestral do terrestre, associada à antiga *physis*: produzia um poderoso sentimento de confinamento, miséria, limite, doença, de mortes a lamentar e de vidas a cuidar. Era isso que justificava a fuga para um além no qual haveria paz, recompensa e salvação. O contraste entre o baixo e o alto fazia algum sentido.

É só mais tarde que esse "aqui embaixo" se tornará "matéria". Na verdade, não há nada de material nessa "matéria", já que, com ela, todas as preocupações de engendramento foram descartadas de saída. Isso é o que há de mais estranho nessa ideia de "coisa extensa" – *res extensa* – por meio da qual se acredita definir o comportamento dos objetos no mundo, juntamente com outra ideia, ainda mais estranha, à qual ela se opõe: a de "coisa pensante", *res cogitans*. Apesar de todos os esforços para estender por toda parte a "coisa extensa", evidentemente ninguém nunca viveu conforme tal dicotomia tão contrária à experiência. Mas como acreditou-se que a "matéria" podia se desdobrar por toda parte sem maiores esforços, tal ideia abstrata acabou tornando impossível localizar o Céu para o qual os pobres pecadores dirigiam, apesar de tudo, sua esperança. Nós olhávamos para cima, mas o céu estava vazio. A assunção[39] da Virgem infeliz não se deu por uma *transferência de valor* em direção ao Paraíso em meio a um dilúvio de ouro e anjos, mas por uma *translação* através do espaço, com a ajuda de *putti*[40] e de cumulonimbus. Isso não permitia, porém, creditar a essa nave espacial mal-ajambrada a capacidade de efetivamente se mover.

O fracasso recorrente desses tipos peculiares de foguetes fez com que os fiéis inventassem, a partir do século XVIII, um mundo "espiritual" que eles pretendiam situar ainda mais alto – ao menos muito acima do mundo "material" – e no qual poderiam, enfim, brincar de mover as figuras sagradas à vontade. É nesse "mundo espiritual" superior, posicionado como uma clara camada horizontal *acima* da camada mais sombria do "mundo material'", que a história "depois da vida" deveria se desenrolar. Parecia o fim do confinamento: finalmente uma porta de saída, ao menos para os mortos enrolados em suas mortalhas.

Tal invenção teria sido inofensiva, teria apenas enchido os santuários das igrejas de afrescos enfadonhos e estátuas de gesso inexpressivas, se essa divisão entre material e espiritual não tivesse sido *laicizada*. O sentimento religioso pode

---

[39] No catolicismo, a subida do corpo e da alma de Maria ao céu. (N.T.)

[40] Em italiano, "querubins". (N.R.T.)

desencadear crises de loucura, mas é a religião secularizada que enlouquece a valer. E foi exatamente o que aconteceu. Na fuga do mundo "material" para o mundo "espiritual", o cheiro do ópio destilado pelos padres para entorpecer as pessoas ainda era bem forte. Mas na fuga do mundo "material" para um mundo "espiritual" aparentemente *rematerializado*, só se podia ver os aspectos *positivos*, capazes até de entusiasmar os pecadores de outrora, que passam a se voltar para o progresso, o futuro, a liberdade, a abundância, todas essas novas imagens do Céu (*Heaven*) *fundidas* com aquelas do céu (*sky*). Tais figuras pareciam vir do céu, visto que o progresso parecia prático, realista, empírico, mas foi do Céu que elas herdaram seu valor decisivo, há muito acalentado pelos fiéis: a possibilidade de acessar algo definitivo e absoluto. Os dois céus unidos nas mesmas imagens. Esse amálgama claramente não era estável, mas pareceu irresistível por um tempo: tratava-se ainda da busca pelo Paraíso, mas, dessa vez, *na terra*!

Sentimos na própria pele, porém, que esse "na terra" não significa "em Terra", no sentido que os terrestres lhe atribuem. Ao trazer para baixo o mundo imaginário que se elevava, caímos em um mundo ainda mais imaginário. É nesse ponto que o efeito do confinamento se faz sentir da maneira mais dolorosa e vira tudo de ponta-cabeça, até mesmo junto aos espíritos mais generosos e idealistas. Os Modernos muito zombaram dos padres que anestesiavam as massas com a promessa de um "outro mundo" para convencê-las a *não mais agir* neste mundo material aqui embaixo. Por sua vez, os terrestres se veem obrigados a ridicularizar os Modernos que anestesiam as massas com sua promessa de um "outro mundo", promessa ainda mais anestesiante – percebemos isso aos poucos, especialmente graças ao confinamento – ao tornar impossível seu retorno a Terra, sua aterrissagem. Se o apelo do paraíso impedia os povos de agir, a realização impossível do paraíso na terra acabou paralisando todas as formas de ação capazes de "nos liberar". A única coisa que conservamos foi a capacidade de pôr as massas para dormir, forçando-as a fumar doses cada vez maiores de ópio...

Mas *do que* seria preciso "se liberar"? Nossa resposta paradoxal, enquanto confinados e terrestres, é que temos de nos livrar inteiramente dessa matéria tão pouco material. E isso para ir aonde? Ora, *para voltar à casa onde estamos e da qual jamais saímos*. O mal-entendido que primeiro desviou os religiosos para um mundo espiritual além do material e depois conduziu os religiosos secularizados a um mundo material com todas as qualidades do espiritual (exceto a religiosa!) decorre da confusão entre o deslocamento das coisas no Universo e o engendramento dos viventes com Terra. A famosa "coisa extensa" – a *res extensa* de que o mundo "material" seria feito – não possui existência palpável no modo "presencial". Trata-se de uma ferramenta conveniente para situar em um plano aquilo que está distante, visto que ela permite *ordenar* os dados nos quadrantes desenhados pelas coordenadas cartesianas, mas tudo isso somente em "teletrabalho". A noção impassível de "matéria", aquilo de que as "coisas inertes" seriam feitas, aparece agora como um amálgama entre o monitoramento remoto daquilo que acontece do outro lado do *limes* e os procedimentos que servem para descrever esses acontecimentos. É como se tivéssemos confundido o território com o mapa.

Em contrapartida, no lado de cá, neste novo aqui embaixo, no sublunar, nós, os terrestres, não encontramos a "matéria" propriamente dita, muito menos "coisas inertes". Nós apenas perturbamos, reforçamos e complicamos os nichos, as bolhas, os recintos que outros viventes retêm, erguem, mantêm, envolvem, sobrepõem e fundem com outros viventes – o que inclui o solo, o céu, os oceanos e as atmosferas. É nesse sentido que podemos dizer que nossa experiência do mundo não é "material", mas ela tampouco é "espiritual". Trata-se de uma experiência de *composição* com outros corpos, aos quais é preciso acrescentar o conhecimento imagético proveniente de longe, mas sabendo que não é possível orbitar fora de casa.

É verdade que renovar essa história exige flexibilidade como a de uma contorcionista: para se liberar, é preciso abandonar a ideia de sair "para fora" e, então, decidir-se a *permanecer*, ou mesmo a *avançar para dentro*! Isso não significa, porém, que voltaremos, por desespero ou na falta de algo melhor, aos confins estreitos do antigo mundo material (o antigo mundo moderno), como se fôssemos prisioneiros que se resignam a retornar à sua cela por não conseguirem escapar de vez. Aprender a percorrer a zona crítica não significa voltar para trás ou para o aqui embaixo de outrora, tampouco retornar para o mundo material que os Modernos desprezavam em sua fuga alhures, ao mesmo tempo em que desejavam extrair dele o máximo proveito. Não podemos mais fugir, mas podemos habitar de outro modo o mesmo lugar – o que exige toda uma acrobacia, como diria Anna Tsing, envolvendo novas maneiras *de se situar diferentemente* no mesmo lugar. Essa não é, afinal, a melhor forma de descrever a experiência do confinamento? Cada um de nós vivendo em *suas casas*, mas *de uma maneira diferente*.

Essa é também a experiência dos terrestres. Ao contrário de nossos ancestrais, quando olhamos para o céu, não vemos mais o domínio divino como consolação de nossa vida miserável aqui embaixo. Mas tampouco vemos a altitude que media em quilômetros a distância até o alto, como no tempo em que nos acreditávamos modernos. Hoje, vemo-nos obrigados a considerar o céu como a *abóbada* de um recinto, e que é mantida em seu lugar pela constante atividade multifacetada e multimilenar de bilhões de potências de agir. O limite dessa atmosfera não é mais pensado como o limite de uma viga passível de ser medida por uma régua, o que permitiria prolongá-la *ad infinitum* por outras vigas e outras réguas. Para nós, esse limite equivale aos *confins de uma ação*; trata-se do mesmo *tipo de limite* que a superfície exterior do formigueiro representa aos olhos de uma formiga. É claro que é possível prolongar essa fronteira, mas não com uma régua: isso se faz apenas pelo trabalho, pelo recrutamento e pela manutenção de uma nova legião de formigas, e somente se as condições para essa expansão forem favoráveis. O céu acima dos terrestres não é mais aquele da "coisa extensa" do passado, mas sim uma *membrana* ativamente mantida no lugar que deve permanecer capaz de produzir um interior e um exterior. O sentido de *finitude* não é o mesmo para a viga e para o formigueiro.

Infelizmente esse argumento se tornou bastante familiar para nós, que estamos confinados, e ressoa a cada vez que nos dizem – e nos disseram ontem mesmo – que os últimos dez anos foram os mais quentes desde o início das medições do clima. Em ocasiões como essas, fica dolorosamente evidente para os terrestres que a diferença entre o supralunar e o sublunar, a qual parecia abolida desde Galileu, efetivamente está de volta. Descobrimos que a temperatura da bolha de ar condicionado dentro da qual residimos depende de nossa própria ação. O verdadeiro confinamento consiste nesse destino que escolhemos coletivamente sem sequer pensar a respeito.

Se, assolados pela seca constante, gritarmos: "como podemos nos livrar disso?", a resposta será que *não nos livraremos* a menos que aceitemos carregar nas costas, como Atlas, essa temperatura, essa atmosfera, essa proliferação de comensais, tudo isso que antes nos parecia um simples "ambiente" do qual não precisávamos nos ocupar e "no qual" apenas "nos situávamos", como a imagem da viga levava a pensar. É nisso que consiste o devir-inseto; é essa a metamorfose. Essa é também nossa nova liberdade, a que deu lugar à antiga, de antes do confinamento. Entendemos perfeitamente bem que não há mais um exterior infinito, e agora, quando olhamos para o céu, vemos ali uma tarefa urgente a ser cumprida – a qual, entretanto, sempre adiamos para o dia seguinte (essa é a razão pela qual o espetáculo da lua nos acalma tanto hoje...). Por mais que protestemos, somos nós que carregaremos nas costas o fardo que os empresários imaginados pela sinistra senhora Rand pretendiam rejeitar; esperamos apenas não ser esmagados por ele.

Para os devotos – ainda que, justamente, não se trate mais de "crer"–,[41] tudo depende agora da capacidade de *viver de modo completamente distinto* o mesmo mundo que já não é exatamente "material" no sentido moderno. Eles estão liberados do "espiritual" e da obrigação de fugir do mundo voltando os olhos para o céu. Esse foi o caminho que o Papa Francisco abriu para eles: liberados de uma salvação sob a forma de fuga, cabe aos fiéis reinventar o valor que as religiões representavam de forma um tanto ingênua e cada vez mais inadequada, como "lá no alto" (em contraste com o aqui embaixo). E podem fazê-lo valendo-se de outras figuras que explorariam o mesmo contraste, mas, desta vez, transferindo-o para novas imagens, rituais e orações. Como seria se, em lugar da oposição entre alto e baixo, entre o material e o espiritual, tivéssemos a tensão entre a vida na terra e a vida *com* Terra? Não haveria

---

[41] Latour faz um jogo de palavras entre *croire* ("crer") e *croyants* ("crentes", em tradução literal). Porque "crentes" possui, em português, uma conotação mais específica do que essa palavra tem em francês, optamos por traduzir por "devotos". (N.R T.)

a mesma exigência de finalidade e de absoluto, porém tratada de forma inteiramente diferente? É no temor e no tremor[42] que podemos, enfim, compreender o que estava latente nas figuras do passado. Muitos são aqueles que se aventuram nisso. Trata-se de uma tarefa que exige prudência e tato, mas é indispensável esperar, pois a figura da encarnação ressoa com aquela da aterrissagem. Se levarmos em conta que a palavra grega para limite é *eschaton*, percebemos que há outras figuras da escatologia a serem exploradas, figuras do *fim*, da *finalidade* e da *finitude* do mundo. "Envia teu espírito que renova a face da terra",[43] diz o salmo 103, versículo 30. Sem Terra, qual poderia ser o sentido do Espírito?

Eu aprendi que, para nos protegermos do poder tóxico das religiões, é melhor retornar a seu valor original que tentar secularizá-las. A secularização sempre leva à confusão entre letra e espírito, o que nos faz perder o fio que conecta os valores às figuras provisórias que os expressam. Não devemos abandonar as religiões que buscam a salvação, pois os terrestres hoje se encontram diante de uma versão extrema da religião sagrada e da religião laicizada, na qual estão fusionados "Deus" e o "Dólar", "God" e "Mamon".[44] Trata-se de um projeto explícito de fuga definitiva do mundo que torna lícito

---

[42] Latour se refere à carta de Paulo aos Filipenses, que também inspirou o título do livro de Søren Kierkegaard, de 1843. A expressão aparece no capítulo 2, versículo 12: "Portanto, meus amados, como sempre tendes obedecido, não só na minha presença, mas também particularmente agora na minha ausência, operai a vossa salvação com temor e tremor". (N.T.)

[43] Em português, o trecho citado é "Envias teu sopro e eles são criados, e assim renovas a face da terra". (N.T.)

[44] Acredita-se que Mamon, termo de origem semítica, carregue o sentido de algo "em que se confia" e, por extensão, é geralmente associado ao dinheiro e às posses. A ideia de que não se pode servir a Deus e ao dinheiro (Mamon) aparece no Novo Testamento. (N.T.)

destruir o maior número possível de recursos e obrigando o imenso contingente de supranumerários *deixados para trás*[45] a se virarem como podem. Nas mãos dos que fogem, o fim do mundo – o fim de seu mundo – pode tomar um rumo aterrorizante. A raiva por ver desaparecer a rota de fuga do paraíso na terra pode tornar perigosos os movimentos que farão de tudo para escapar do confinamento. Se a negação das mudanças climáticas assusta, ela muito em breve parecerá uma versão bem elaborada e quase benigna das paixões que possivelmente se desencadearão quando for preciso erradicar as religiões secularizadas da fuga do mundo.

---

[45] A expressão está em inglês: "*left behind*". (N.T.)

7 — Deixar a Economia subir à superfície

No romance de Kafka, nem bem havia completado duas horas que Gregor, tornado inseto, perdera seu trem, quando seu chefe, furioso e indignado com a preguiça de seu empregado, enviou o "senhor gerente" para bater na porta dos Samsa. Os confinados da pandemia experimentaram a mesma situação, mas em escala gigantesca: em algumas semanas, o que até então chamávamos de "Economia", com letra maiúscula, e que se confundia com o que as pessoas tratavam como "seu mundo", parou de repente. Suspenso, suspensão, suspense. Esse "mundo em suspenso" mostrou o quanto nos equivocávamos ao presumir como irreversível a ação de todos os humanos, evidenciando também que não podemos mais confundir a Economia – essa fabulosa amplificação de certos cálculos – com disciplinas acadêmicas como a contabilidade e a economia (com letra minúscula), praticadas por contadores em geral bastante respeitáveis. Assim como Gregor, atrapalhado com suas patas, cada habitante do planeta ainda se pergunta, agitando os braços: o que fazer? Ocorreu uma radical inversão de valores: o alto passou para baixo, e o baixo para o alto.

Talvez possamos dizer que se trata de uma revolução, mas de um tipo muito particular. É como se a Economia, tomada até então como a base indiscutível da existência, *se movesse do fundo em direção ao alto* – como se de repente deixássemos escapulir em direção à superfície uma viga de madeira que vinha sendo mantida artificialmente no fundo da água. Sem grandes dificuldades, a famosa "infraestrutura" se mostrou *superficial*, ao passo que, em uma substituição inesperada, aquilo que as melhores mentes consideravam até então uma "superestrutura" inteiramente negligenciável deslizou para baixo e se infiltrou nas profundezas: a saber, as *preocupações de engendramento* e as questões de *subsistência*. Em poucos meses, a Economia deixou de ser "o horizonte insuperável de nosso tempo".[46]

    Essa é a razão do alvoroço que os "gerentes" escandalizados fizeram à porta de todos os confinados, exigindo que "voltássemos ao trabalho" e "acelerássemos a retomada". Mas, no caos que se seguiu, e mesmo durante a crise planetária que se desenrola diante de nossos olhos, sentimos que algo central se perdeu; e nem mesmo todos os "gerentes" podem fazer as massas esquecerem que vislumbraram, ainda que por um breve instante, a superficialidade daquele modo de ver as coisas. Agora, não se trata mais de aprimorar, modificar, tornar mais verde, ou mesmo de revolucionar o "sistema econômico", mas sim de *renunciar inteiramente à Economia*. Por um paradoxo que enche de alegria o coração dos terrestres, o episódio da pandemia terminou por *liberar* o espírito dos confinados, permitindo que saíssem por um momento da "jaula de aço"[47] das "leis da economia" em que, presos, apodreciam. Se há um caso em que nos emancipamos de uma má emancipação, é exatamente esse.

    Aprendi com Michel Callon que a crença de que tal modo de relação é inquestionável só pode se disseminar se transportarmos as formas de vida para um mundo que elas não habitam. Trata-se novamente da diferença entre viver "presencialmente" e ter acesso "online". Há, de fato, algo de estranho

---

[46] Latour faz alusão à célebre frase de Jean-Paul Sartre no prefácio à *Crítica da razão dialética* [*Critique de la raison dialectique*]: "(...) Considero o marxismo a filosofia insuperável de nosso tempo" (Paris: Gallimard, 1960, tomo 1, p. 9). (N.R.T.)

[47] Essa é a expressão utilizada por Max Weber para indicar a maneira como o capital se impõe sobre todos os aspectos da vida. (N.T.)

com a Economia, pois embora se ocupe das coisas mais corriqueiras, mais importantes, mais próximas de nossas preocupações cotidianas, ela insiste, no entanto, em tratá-las como se estivessem à maior distância possível e se desenrolassem *sem nós*, apreendidas desde Sirius,[48] de um modo totalmente desinteressado – "científico" é o adjetivo que às vezes usamos. Isso funciona para investigar o além do *limes*, não o aquém. Sabemos há muito tempo que o *homo oeconomicus* não tem nada de nativo, natural ou autóctone. Mais propriamente, poderíamos dizer que ele vem de cima – sentido *top down* –, não decorrendo de forma alguma da experiência cotidiana, prática (*from the ground up*), das relações que as formas de vida entretêm umas com as outras. A Economia só aparece como uma alavanca se simplificarmos o modo de engendramento dos terrestres, importando da física o modo de deslocamento das coisas.

Para que a Economia tenha se propagado e se mantido solidamente como a base de toda a existência possível na terra, foi necessário um enorme trabalho de fabricação de infraestruturas. Só assim ela pôde se impor como evidência mesmo diante da resistência obstinada que a experiência mais comum oferece a uma colonização tão violenta. A Economia pode acabar atuando "no fundo", mas apenas como aqueles enormes pilares de concreto que, para servirem de fundamento, devem ser fincados a golpes de um martelo hidráulico gigante. Donald MacKenzie sempre insistiu nessa questão: sem as escolas de negócio, os contadores, os juristas, as tabelas de Excel, sem o trabalho contínuo dos Estados para dividir as tarefas entre o público e o privado, sem os livros da senhora Rand, sem o adestramento contínuo com a invenção de novos algoritmos,

---

[48] No original, "depuis Sirius". "Le point de vue de Sirius" é uma expressão idiomática francesa que significa "ver com distanciamento". (N.R.T.)

sem o estabelecimento de direitos de propriedade, sem o lembrete constante das mídias, ninguém teria inventado "indivíduos" capazes de um egoísmo tão radical, tão contínuo, tão coerente em sua pretensão de "não dever nada a ninguém" – com todos os outros sendo considerados como "estranhos" e todas as formas de vida tomadas como "recursos". Por trás de uma Economia que se apresenta como algo nativo e primitivo, há três séculos de economização, para usar um termo de Callon. Percebemos que esse soterramento preliminar requer uma violência extrema, e que o menor intervalo nesse vasto processo suscita uma revelação imediata: "Mas por que, em vez disso, não partimos do lugar onde vivemos?". O que apavora os "gerentes" é que, assim que os terrestres abandonam a Economia, eles simplesmente voltam para suas casas e retornam à experiência comum. Para entender isso, não precisaríamos ter interrompido nossas vidas por três meses e depois mergulhado em uma crise global que não para de se agravar.

Tão logo o confinamento libera os terrestres dessa translocação interplanetária, eles voltam a perceber que as preocupações de engendramento estão sempre complicando os cursos de ação. Redescobrimos que cada potência de agir sobre as quais nos apoiamos acrescenta um hiato, força um desvio, complica um cálculo, abre um debate, exige um escrúpulo, demanda uma invenção, impõe uma nova distribuição de valores. São nesses tipos de preocupações que devemos nos concentrar. A questão não é saber se o "mundo de amanhã" substituirá o "mundo de antes", mas se o mundo da superfície não poderia finalmente dar lugar àquele de profundidade cotidiana.

Como fazer para não perder essa profundidade que os confinados aprenderam a apreciar? É uma pergunta importante porque, no momento, todos nos parecemos com aqueles prisioneiros em liberdade condicional que correm o risco de voltar para as suas celas se cometerem algum deslize. É a Dusan Kazic que devo a solução para não reincidir: ela consiste em jamais tratar qualquer assunto como tendo "uma dimensão econômica"! Isso porque admitir tal dimensão equivale a sugerir que haveria, de um lado, uma realidade profunda, essencial, vital (a econômica) e que de outro lado poderíamos, se houvesse tempo, levar em conta, apesar de tudo, "outras dimensões" – sociais, morais, políticas e – por que não – até uma dimensão "ecológica"... No entanto, esse tipo de raciocínio dá à miragem da Economia uma evidência material que ela não possui, fortalecendo um poder vindo do alto. A Economia é como um véu lançado sobre as práticas para encobrir todos os hiatos dos cursos de ação. Assim como a Natureza, ela também ama se ocultar...

A saída proposta por Kazik consiste em sempre substituir a invocação de uma "dimensão econômica" pela pergunta: "Por que decidimos, para resolver nossos problemas de engendramento, *dividir* as formas de vida *dessa maneira*?" Se a Federação Nacional dos Sindicatos dos Produtores Agrícolas[49] pressionou o ministério da agricultura francês para obter uma nova autorização para o uso de pesticidas responsáveis pela morte das abelhas – seu objetivo, disseram, era "salvar a indústria francesa do açúcar de beterraba" –, não há aí nenhuma "dimensão econômica" *a priori*, como se pudesse haver um cálculo indiscutível de interesses que automaticamente pouparia 40 mil empregos e alguns bilhões de euros. O que ocorreu, mais precisamente, foi uma *distribuição* prévia das formas de vida, a respeito das quais poderíamos colocar questões bem específicas. Por que salvar esse setor? Por que produzir açúcar de beterraba? Por que açúcar? Por que esses empregos em

---

[49] Em francês: Fédération nationale des syndicats d'exploitants agricoles (FNSEA). (N.T.)

particular? Por que os subsídios da Política Agrícola Comum? Por que os apicultores e as papoulas devem pagar o preço? Por que o Estado deve reverter sua decisão de proibir os neonicotinoides?[50] Qual a relação do pulgão-verde com a seca? As perguntas não param por aqui. Se existe uma tentação em particular à qual não devemos ceder é a de *apagar todos esses hiatos* e substituí-los por um cálculo que encerraria a discussão, mas que foi *feito em outro lugar*, *por outros* e, principalmente, *para outros* muito distantes dos acontecimentos. Isso não quer dizer que odiamos o açúcar de beterraba ou que tenhamos que deixar os produtores de beterraba morrerem de fome; talvez seja mesmo preferível, ao fim e ao cabo, autorizar esses cultivos por falta de alternativa. Isso significa, mais propriamente, que não há nada nessa trama de discussões, de negociações e de avaliações que, de saída, possa ser *reduzido à Economia* – e, portanto, aos aspectos superficiais da questão. Há necessariamente algo *mais profundo* a ser levado em conta nessa situação. Do lado de cá do *limes*, não existe nada liso. É necessário um esforço sempre renovado para erguer esse véu.

Não se trata aqui de nos queixarmos, exigindo que outras preocupações "mais elevadas", "mais humanas", "mais morais" ou "mais sociais" sejam colocadas acima da Economia. Ao contrário, já é tempo de enfim nos deslocarmos para *mais abaixo*, tornando-nos mais realistas, mais pragmáticos, mais materialistas. Não vivemos na Natureza inventada pelos economistas para fazer seus cálculos nela circularem livremente. Se temos razão em nos indignar com as religiões por terem inventado o "mundo espiritual" como local de circulação para suas figuras

---

[50] Os neonicotinoides são os inseticidas associados ao declínio das populações de abelhas e outros polinizadores. Em 2013, a Autoridade Europeia para a Segurança Alimentar alertou para o risco de desaparecimento das abelhas como resultado do uso disseminado dos neonicotinoides. (N.T.)

sagradas, deveria nos causar ainda mais assombro que tenhamos convenientemente inventado um "mundo material ideal" para nele movimentar algoritmos um pouco como aqueles ferroviários aposentados, fanáticos por modelismo, que levam seus trens em miniatura aos clubes para fazê-los circular, mas sem transportar nenhum passageiro. É claro que os economistas têm razão em multiplicar seus recursos para *abrir* essas discussões, mas nenhuma de suas ferramentas pode pretender *encerrá-las*. Dusan Kazic tem razão: não se trata de fazer uma nova crítica da economia política, mas de *abandoná-la* inteiramente como descrição das relações que as formas de vida mantêm entre si. Se a Economia enfeitiça, é preciso aprender a exorcizá-la.

A tarefa fica mais fácil se percebemos que a capacidade de a Economia desempenhar o papel de infraestrutura depende da analogia, introduzida desde muito cedo, com o funcionamento da "natureza e de suas leis". É desse paralelo, aliás, que provém a ideia de aproximar as leis da Economia às da "Natureza", fazendo a primeira desempenhar esse papel assombroso de infraestrutura. Ora, se há uma armadilha na qual nós, os terrestres, passamos longe de cair é acreditar que essa "Natureza" designa um domínio que se situaria em Terra! É nesse ponto que a intrusão de Gaia incide mais duramente sobre todos os sistemas de pensamento. Ainda que a Economia invoque os lobos (como sabemos, o homem é o lobo do homem),[51] as abelhas (que contribuem para o bem comum com seu célebre egoísmo),[52] os órgãos (que se sacrificam uns pe-

---

[51] Na famosa formulação de Thomas Hobbes no *Leviatã*, a formação do Estado poria fim à guerra civil, ao estado de coisas em que o homem é o lobo do homem (*homo homini lupus*). (N.T.)

[52] Latour se refere ao célebre elogio dos vícios privados na *Fábula das abelhas*, de Bernard de Mandeville. A obra foi publicada em 1714. (N.T.)

los outros),[53] as formigas (sempre dedicadas ao trabalho), as ovelhas (conformadas), os vírus (que devemos destruir), as baratas (que horrorizam a família Samsa) e, claro, os cupins, os bezerros, as águias, os porcos..., os terrestres jamais tomarão esses comportamentos imaginários como modelo para estabelecer relações com aqueles dos quais eles dependem. A razão é simples: essas entidades não são autótrofas, suas atividades não param de transbordar, de se espalhar, de se sobrepor, de se confundir com outras, a ponto de tornar impossível qualquer cálculo exato de interesse.

Nenhum vivente pode servir de emblema para o indivíduo calculista; este não encontra abrigo em parte alguma de Terra. Podemos mesmo dizer que todos os viventes são egoístas e interesseiros, já que todos têm interesse em subsistir, mas nenhum deles está circunscrito em limites suficientemente claros para calcular seus interesses *sem se enganar*. Se realmente queremos evocar os agentes terrestres para justificar a prisão dos humanos na "jaula de aço" da Economia, então devemos nos preparar para ver essa jaula transbordar de incertezas, com causas de desordem se amontoando umas sobre as outras; em suma, devemos esperar inúmeras complicações. Evocar os viventes nunca permitiu simplificar uma situação; de fato, não há nada mais distante da inserção de Gaia do que o "apelo à Natureza". Aceitar a experiência do confinamento é, enfim, liberar-se dos limites da identidade incontestável. Os genes poderiam até querer ser egoístas, mas para isso precisariam de um *ego* que pudessem delinear com clareza.

---

[53] Ideia defendida na teoria do gene egoísta, de Richard Dawkins, criticada por Latour em diversas ocasiões. Cf. por exemplo *Diante de Gaia: oito conferências sobre a natureza do Antropoceno* (Rio de Janeiro: Ubu, 2020), capítulo 3. (N.R.T.)

Para tentarem impor à força o paralelo entre a Natureza e a experiência da vida na terra, foi preciso *secularizar* novamente uma ideia religiosa: a de uma ordem providencial da Criação. A ideia de uma seleção natural calculável e coerente permitiu que alguns conservassem a noção sagrada de "ordem da natureza", colocando cada vivente no lugar exato onde seus cálculos de interesse assim o justificassem. Foi somente com a invenção de uma visão providencial da Natureza, onde os "animais" lutariam impiedosamente na selva da vida, que se passou a considerar os humanos "como animais". O problema é que os "animais" tinham muitas outras preocupações – e a selva também! Aquilo que se conhece como "darwinismo social" tinha por objetivo incorporar as descobertas dos naturalistas ao sublime ordenamento da "economia da natureza", mas, no fundo, não passou de uma ideia religiosa e nada terrestre. Se os pobres humanos têm tanta dificuldade para calcular egoisticamente seus interesses, apesar de todos os seus equipamentos contábeis, sequer podemos imaginar como seria para as bactérias, os líquens, as árvores, as baleias ou as azaleias. Os holobiontes não têm extrato de conta bancária.

Alguns evolucionistas mostraram, desde então, que se os viventes fizessem tais cálculos com perfeição, jamais teriam conseguido sobreviver. Isso não significa passar do paradigma da competição para o da cooperação, mas simplesmente que são esses erros de cálculo que acabam criando, por acaso e sem qualquer providência, as condições de habitabilidade das quais outros viventes posteriormente se apoderam. É o caso das famosas bactérias emissoras de oxigênio, que permitiram, involuntariamente, que outros organismos experimentassem novas soluções, ou do desmatamento no sul da China, que abriu "grandes oportunidades", como sabemos, para a Covid-19. Pouco a pouco, ao longo de centenas de milhões de anos, e sem que se houvesse pretendido, foram esses erros de cálculo que permitiram a maquinação de condições cada vez mais robustas de resistência à radiação crescente do sol, às glaciações, aos meteoritos e aos vulcões. São tantos os recintos, esferas, membranas e abóbadas cuja durabilidade depende de suas superposições e de suas concatenações. Desde, é claro, que tomemos cuidado para evitar a intromissão permanente de um extraterrestre: o indivíduo idealmente egoísta, esse tipo particular de meteorito que leva ao limite as capacidades de resistência dessa vasta bricolagem. Se há processos incapazes de "fundar" a Economia, são justamente aqueles inspirados nos modos por meio dos quais Gaia persiste em seu ser. A "Natureza" só pode servir de fundação incontestável para os extraterrestres.

Temos aí uma ideia que serve de orientação, ainda que por negação: nós, os terrestres, *jamais habitamos* a mansão da Economia. A família Samsa tem de se conformar: Gregor não retomará seu cargo de representante comercial para garantir seu sustento. Mesmo que o papai Samsa erga a sua bengala e que o "senhor gerente" lembre a Gregor (já tornado barata) que, se não for trabalhar, ele será demitido, Gregor se recusa a se mexer. Jamais poderemos simplificar nossas relações supondo haver indivíduos com bordas tão bem delimitadas que estariam uns ao lado dos outros, *partes extra partes*, tão autônomos e autóctones que poderiam se declarar liberados das obrigações recíprocas; estrangeiros, portanto – de certa forma *alienígenas* –, como se eles não se sobrepusessem uns aos outros, como se não se interferissem mutuamente. Celebremos, assim, a experiência de uma pandemia que, pela exigência da distância recomendada de um metro e do uso das máscaras, nos fez perceber de forma tão literal o quanto o indivíduo isolado era uma ilusão.

Que saibamos colher os frutos disso que o confinamento revelou: já que não temos mais que nos transportar para um além-mundo, podemos voltar a buscar *onde* nos abrigar aqui embaixo. Evidentemente, se bem ganhamos de um lado, também perdemos de outro, já que não podemos mais calcular de longe as relações, protegendo-nos de suas consequências. Mas a troca valeria a pena se aprendêssemos a *descrever* juntos, e principalmente *de perto*, aquilo que não podemos mais calcular.

8 — Descrever um território, mas de dentro para fora[54]

Durante o confinamento, foi inevitável que cada um de nós começasse a pensar no que poderia substituir a Economia, colocada momentaneamente em suspenso. Isso explica as perguntas que passamos a nos fazer: por que continuar essa ou aquela atividade? Por que não propor outra? O que fazer com aqueles que dependem diretamente dessas atividades que queremos suspender? Como desenvolver os empreendimentos que consideramos favoráveis? Etc. Aqueles que tiveram ao menos algum tempo livre tentaram inventar outra base material. Inicialmente, isso parecia uma espécie de jogo para tentar tirar algum proveito da pausa; mas depois, e de forma cada vez mais séria, pareceu que poderíamos impedir que tudo voltasse a ser "como antes", ainda que sem muita esperança.

Estranhamente, o empenho em imaginar o "mundo por vir" aos poucos produziu nos confinados a impressão de viver em *um determinado lugar*, e não mais em *um lugar qualquer*. De fato, antes atribuíamos pouca importância a essas questões de *subsistência* – as quais, além disso, pareciam corresponder a decisões tomadas em outro lugar, por outros e, principalmente, para outros. Aos nossos olhos, elas constituíam uma espécie de necessidade incontornável, uma evidência fantasmagórica; era isso que nos fazia acreditar que não vivíamos em lugar nenhum em particular, ideia abarcada, justamente, pelo termo multiuso "globalização". Aos poucos, porém, quando

[54] Optamos por traduzir *à l'endroit* e *à l'envers* respectivamente por "de dentro para fora" e "de fora para dentro", pois julgamos que expressam mais claramente os dois processos descritivos comparados pelo autor. (N.R.T.)

nos deparamos com essas questões inusuais e percebemos o quão difícil é respondê-las, fomos obrigados a acordar de um sonho, e passamos a perguntar: "Mas onde, afinal, eu morava *antes*?" Ora, exatamente na Economia, isto é, *em outro lugar que não em minha casa*.

Em compensação, sempre que temos dificuldades para responder a essas perguntas, sentimo-nos *situados*. É como se fôssemos aparafusados em um lugar por uma série de referências de orientação. A obrigação de permanecer confinados em casa assume então um sentido positivo: estamos, sim, enclausurados, mas enfim *ancorados* em algum lugar. O que é ainda mais estranho é que essa necessidade de estarmos cada vez mais situados aparece de forma mais intensa sempre que discutimos essas questões. A expressão "viver em um mundo globalizado" tornou-se subitamente antiquada, sendo rapidamente substituída por outro imperativo: "É preciso se situar em um lugar e tentar descrevê-lo junto com outros". Trata-se de uma surpreendente associação de ideias: *subsistir, formar um grupo, estar sobre um solo, descrever-se*. Para os globalizados de outrora, foi uma surpresa total ver emergir novamente a questão "reacionária" de formar um grupo em um território tornado visível conforme vai sendo descrito. "Território", essa palavra de administração, assumiu para os confinados um sentido existencial. É como se, em vez de ser delineado de longe, por outros, de fora para dentro e do alto, fosse possível descrevê-lo por si mesmo, com seus vizinhos, de dentro para fora e *de baixo*.

Como sabemos, descrever um território de fora para dentro e do alto significa consultar um mapa, localizar um ponto na interseção de abscissas e coordenadas, e depois inscrever nessas interseções símbolos que substituam os lugares identificados apenas por suas relações de distância em quilômetros. A operação é bem conveniente quando precisamos visitar, por um tempo, um lugar que não conhecemos. Isso, claro, se os serviços rodoviários tiverem feito seu trabalho e cuidado para que o mapa que os visitantes têm em mãos correspondam às placas fincadas no solo do local indicado pelo equipamento de agrimensura[55] – tudo sob a supervisão dos engenheiros do Corpo de Pontes, Águas e Florestas[56] e dos serviços descentralizados do Estado.[57] Para que o mapa e as placas coincidam, é preciso que um Estado bem administrado organize essa correspondência. Então, e somente então, o mapa informará algo de antemão sobre o território, permitindo que um estrangeiro o percorra.

Mas, não é assim que procedemos para descrever *nosso* território, ainda que saudemos gentilmente os estrangeiros de passagem e que evitemos derrubar os teodolitos dos geomáticos e agrimensores. Para nós, as distâncias em quilômetros e os ângulos da trigonometria são relações entre muitas outras, como bem sabem todos os geógrafos. Ora, essas outras relações não decorrem da *localização* a partir de uma grade de coordenadas, mas da *resposta a questões de interdependência*. Do que dependo para subsistir? Quais são

---

[55] No original, *châine d'arpenteur*, que, em português, é chamada de "cadeia de Gunter"; equipamento usado para agrimensura. (N.R.T.)

[56] No original, *Ponts et Chaussées*, corpo técnico responsável pelas políticas e obras de infraestrutura na França que existiu até 2009. Naquele ano, o antigo *Corps des Ponts et Chaussées* se fundiu com o Corpo de Engenharia Rural, Águas e Florestas (*Corps du génie rural, des eaux et des forêts*), formando o atual Corpo de Pontes, Águas e Florestas (*Corps des ponts, des eaux et des forêts*). (N.R.T.)

[57] Na França, os serviços descentralizados (*services décentralisés*) são aqueles fornecidos por coletividades territoriais ou locais (como comunas, departamentos e regiões) que desfrutam de certa autonomia econômica e administrativa em relação ao Estado. (N.R.T.)

as ameaças que incidem sobre aquilo que me permite viver? Que confiança posso ter naqueles que anunciam essa ameaça? O que faço para me proteger delas? Que ajuda posso encontrar para me safar dessa? Quais são os oponentes cuja força devo tentar limitar? Essas perguntas também delineiam um território, mas esse desenho não coincide com a forma anterior de se orientar. Estar localizado e *situar-se* não são a mesma coisa: nos dois casos, medimos *aquilo que importa*, mas não da mesma maneira. Gregor e sua família aprenderam isso a duras penas.

Se olhamos de fora para dentro, consideramos território tudo o que podemos localizar em um mapa delimitando-o de uma só vez; mas se visto do lado certo, o território se estende *tão longe* quanto a lista de interações com aqueles dos quais dependemos – mas não mais do que isso. "Onde estiver o teu tesouro, aí também estará teu coração" (Mateus 6, versículo 21).[58] Se a primeira definição é cartográfica e, na maioria das vezes, administrativa e jurídica – "Diga-me *quem* és e te direi qual é teu território"–, a segunda é mais etológica: "Diga-me do *que* vives e te direi quão longe se estende teu terreno de vida". A primeira exige uma carteira *de identidade*; a segunda, uma lista de *pertencimentos*. Vinciane Despret mostrou que projetar o território de uma ave migratória sobre um planisfério não permite compreender muita coisa sobre o que exatamente a faz cantar. Tudo muda, no entanto, se passamos a entender como ela se alimenta, por que migra, com quantos outros viventes tem de contar e quais são os perigos que enfrenta ao longo de suas rotas. Seu terreno de vida transbordará os limites da simples projeção cartográfica.

[58] Citação do evangelho de Mateus (um dos quatro evangelhos canônicos que compõem o Novo Testamento), capítulo 6, versículo 21: "Pois onde está teu tesouro aí estará também o teu coração". (N.T.)

Por um lado, identificamos um lugar localizando-o na interseção das coordenadas, como se movêssemos uma espécie de equipamento de agrimensura; de outro, aprendemos a listar os *vínculos* com as entidades que exigem que nos ocupemos delas. Com o território traçado de fora para dentro, privilegiamos o acesso de estrangeiros que só fazem atravessar um espaço que lhes é indiferente; no território visto de dentro para fora, entramos em contato, aos poucos, com os *dependentes* cada vez mais numerosos que se inserem entre nós e nossas preocupações de engendramento. De fora para dentro, o que importa são as medidas em termos de distância, ainda que possamos parar à vontade aqui ou acolá e nada nos impeça de pegar arbitrariamente outro mapa ou de navegar em um GPS, *ad infinitum*. Já de dentro para fora, não são as distâncias que importam a princípio, visto que as entidades consideradas em nossa descrição podem estar próximas ou afastadas no mapa.

Em contrapartida, torna-se impossível prosseguir indefinidamente; afinal, a lista de entidades é sempre limitada, de difícil elaboração e exige a cada vez uma espécie de investigação, um início de confronto, encontros sempre delicados. Não podemos prolongá-la ou encurtá-la arbitrariamente: é difícil registrar essas formas de vida porque elas se sobrepõem à descrição e nos *obrigam* a levá-las em consideração. É claro que podemos alongar a lista, mas teríamos então que *retomar* a descrição e nos comprometermos *mais* ainda a lidar com aqueles que já listamos – o que certamente aumentaria a tensão à medida que a investigação avançasse. Isso é o que Isabelle Stengers chama de *obrigações*: quanto mais rigorosa se torna nossa descrição, tanto mais ela nos obriga. Aterrar não significa se tornar local – no sentido métrico mais usual –, mas sim ser capaz de encontrar os seres de que dependemos, não importa *quão longe* estejam em quilômetros.

É exatamente esse o mal-entendido associado ao adjetivo "local". Só definimos uma situação como "local" se a mensurarmos de fora para dentro, entendendo-a como "pequena" em relação a uma outra considerada maior em termos quantitativos. O mapa só conhece, de fato, os encadeamentos de escala, aquilo que permite dar *zoom*. Mas quando olhamos de dentro para fora, chamamos de "local" *aquilo que é discutido conjuntamente*. "Perto" não quer mais dizer "a alguns quilômetros", mas sim "que me atinge ou que torna *de maneira direta* a vida possível para mim"; trata-se de uma medida de *engajamento* e de *intensidade*. De modo análogo, "longe" não significa "distante em quilômetros", mas sim aquilo com que não precisamos nos preocupar imediatamente porque não traz nenhuma *implicação* para coisas de que dependemos. Aquilo que é reunido por meio da descrição não é, portanto, nem local nem global, mas *composto* segundo outra relação de concatenação de entidades com as quais teremos de lidar uma a uma, possivelmente à custa de inúmeras polêmicas.

Essa é também a razão pela qual um planisfério ou um globo terrestre não dão nenhuma pista sobre Gaia: ela não é "grande" nem "global", no sentido usual, mas conectada pouco a pouco. É possível que os dois sentidos da palavra "local" ou da palavra "longe" às vezes coincidam, mas é pouco provável. Atualmente, o mundo *onde vivemos* raramente se sobrepõe ao mundo *do qual vivemos*. Faz tempo que os habitantes das sociedades industriais não vivem mais em meio às pastagens – tal como Booz, adormecido enquanto "tudo repousava em Ur e em Jerimadeth"...[59]

[59] Referência ao poema *Booz adormecido* (*Booz endormi*), escrito por Victor Hugo em 1859 e livremente inspirado no livro de Rute, o oitavo do Antigo Testamento da Bíblia cristã. Booz é retratado no poema como um homem justo, bom e muito ligado à terra. (N.T. e N.R.T.)

Quando descrevemos um território de dentro para fora, sentimos na pele por que a Economia não poderia ser realista e materialista. Ela só faz dissimular os choques, as tensões, as controvérsias que nossa descrição, ao contrário, já não procura mais evitar. Abraçar a Economia significa interromper a retomada das interações, inventando seres dispensados de prestar quaisquer contas, sob o pretexto de que seriam indivíduos autônomos cujos limites estariam protegidos por um direito de propriedade exclusivo. Direito que, por sua vez, só se aplica aos autótrofos que não deixam nenhum dejeto para os que vêm depois. Como esses animais não existem em Terra, podemos vislumbrar em que abismos de perplexidade a pausa imposta pela Covid-19 mergulhou os desditados econômicos. Eles se deram conta de que os limites supostamente garantidos por aquele direito de propriedade não fizeram outra coisa senão congelar momentaneamente situações que se aqueceriam e se tornariam inflamáveis assim que a descrição abarcasse outras entidades.

Tomemos como exemplo meu vizinho, grande apreciador de milho – mais precisamente, grande usuário dos subsídios da Política Agrícola Comum para o milho irrigado: ele invade o corpo dos meus netos com os seus herbicidas. Se eu lhe disser para respeitar meu direito de propriedade e *restringir a si próprio* os herbicidas, confinando-os dentro dos limites de suas plantações, ele objetará, mais ou menos educadamente, alegando que "alimenta o planeta" e "que não tem de prestar *contas* a mim". Se respondo que tenho o mesmo direito que ele de não ser invadido por seus agrotóxicos – assim como meu gramado não deve servir de pasto para suas ovelhas errantes ou seus filhos não devem ser mordidos por meu cachorro –, ele provavelmente me responderá que estamos no campo e que *ninguém pode exercer suas atividade*s sem que elas *interfiram* nas dos outros. Ao contrário do provérbio ainda um tanto bucólico que diz "se cada um ficar em sua casa, as vacas estarão bem cuidadas", ele alegará que não pode trancar nada a sete chaves: o canto do galo transborda o espaço dos vilarejos, assim como também o fazem os agrotóxicos, os sinos da igreja, o cachorro, os bois e o leite de Perrete derramado no chão[60] – e certamente me dirá isso em meio a mais uma manifestação contra o governo; é isso, concluirá, que significa viver no campo.

"Ah, muito bem", eu lhe diria, "portanto, *você mesmo reconhece* que vivemos juntos em um território onde '*tudo nos diz respeito*', já que cada entidade se sobrepõe a todas as outras. 'Holobiontes de todos os países, uni-vos etc'. Ora, se vivemos de tal modo emaranhados, então precisamos falar sobre isso! Se transbordamos de tal maneira uns sobre os outros, formamos então um *comum*. Por isso, agradeço se puder me indicar o lugar, a hora, o dia, a instituição, a fórmula e o procedimento para discutir essas superposições, limitar as invasões ou permitir as composições mais favoráveis a todos". É provável que ele fique roxo de raiva e queira me esmagar como se eu fosse outro Gregor.

No entanto, sua recusa me permite avaliar exatamente o que faz a Economia quando *encobre uma situação*. Ela substitui uma descrição contraditória e coletiva que poderia ter ocorrido se os protagonistas desse diálogo imaginário tivessem constituído *um povo que habita um solo* – e, portanto, se tivéssemos sido capazes de levar em conta coletivamente a superposição dessas formas de vida. A descrição dos laços de

---

[60] Referência à fábula *A leiteira e o balde de leite*, da coletânea *Fábulas de la Fontaine*, em que Perrete, voltando do campo depois da ordenha, faz grandes planos com o dinheiro que poderia obter com a venda do leite. Mas se descuida em meio às suas elucubrações e deixa o balde cair, derramando tudo pelo chão. (N.T.)

interdependência nos obriga a retomar, para cada item da lista, a discussão que a Economia pretendia encerrar.

Se há superposição e invasão, tudo indica que há algo como um problema público, o que exige uma forma de instituição capaz de retomar a questão de como distribuir as formas de vida inexoravelmente entrelaçadas. A Economia literalmente despovoa e separa do solo. Já o confinamento tem permitido *repovoar* e *ressituar* aqueles que aceitam ser avaliados por sua capacidade de manter ou, ao contrário, de destruir as condições de habitabilidade de seus dependentes. Seria mais que oportuno se os terrestres chamassem de "ecologia" não mais um domínio, uma nova atenção às "coisas verdes", mas simplesmente aquilo que a Economia se torna quando a descrição é retomada. Se uma se espalhou por toda parte, a outra também deve fazê-lo. Se uma resfriou o planeta antes de deixá-lo queimar, a outra deve aquecer os laços para que o planeta, enfim, esfrie.

Tais instituições não existem? Tudo bem, ao menos agora sabemos *onde nos situar*: ao se recomporem após a quebra da Economia, os terrestres se preparam para erguer essas instituições por sobre a estrutura calcinada de um imenso dirigível. De início, é preciso que todos retomem o contato com seus vizinhos. A descrição relocaliza, repovoa, mas também – e isso é o mais surpreendente – devolve a vontade de agir. Começamos, assim, a passar da "mutação", bastante desesperadora, à "metamorfose", bem mais promissora. É verdade que agora sufocamos por trás de nossas máscaras, mas talvez estejamos finalmente em vias de assumir "outra forma".

9 — Descongelar a paisagem

Essa mudança de forma se baseia numa constatação muito simples: nós, os humanos, jamais tivemos a experiência de encontrar as "coisas inertes" que supostamente compunham o mundo "material". Isso fica evidente nas cidades, considerando que cada milímetro de nossa estrutura de vida foi fabricado por humanos, nossos semelhantes, mas também no campo, já que cada detalhe do território é obra de um vivente (que pode ter existido há muito tempo). Essa impressão de consistência das coisas se mantém até onde a própria zona crítica se estende. As "coisas inertes" só existem por meio de uma experiência de pensamento que nos transporta, em nossa imaginação, para um mundo onde ninguém jamais viveu. Surge, então, a pergunta: perceber isso modifica, em alguma medida, nossos modos de ser, de pensar o futuro, de nos situarmos no espaço, de compreender o que chamamos de liberdade de movimento?

Para explorar a possibilidade de tal transformação, seria bom contar com um dispositivo que tornasse cada vez mais concretas as descrições do território visto de baixo. Tentamos construí-lo com a ajuda do arquiteto Soheil Hajmirbaba, desenhando um grande círculo no chão com uma seta dividindo-o em dois semicírculos; desenhamos um sinal de *mais* em um lado e um de *menos* no outro. Pedimos a um participante que ficasse no centro. Atrás dele, à direita, está aquilo de que ele depende, aquilo que o faz viver, aquilo que o permite subsistir. Atrás e à esquerda, está aquilo que o ameaça. No quadrante à frente, à direita, está o que ele fará para manter ou aumentar as condições de habitabilidade de que se beneficiou. Já à sua frente e à esquerda está aquilo que pode piorar a situação, esterilizando um pouco mais as condições de existência daqueles que dependem dele. Funciona como uma brincadeira de criança, algo leve e bastante divertido. E, no entanto, ao se aproximar do centro do jogo, treme-se um pouco: ali é preciso decidir e isso é o mais difícil; o participante precisa se revelar, falar de si, ou melhor, daquilo que o faz viver.

O centro desse caldeirão, onde timidamente coloco meus pés, é exatamente o cruzamento de uma trajetória – e não estou acostumado a me considerar como o *vetor* de uma trajetória – que começa no passado, com tudo aquilo de que me beneficiei, muitas vezes sem sequer perceber, para existir e para crescer; tudo aquilo com que conto inconscientemente e que talvez se interrompa comigo, por minha culpa, e que não terá mais futuro, em razão das coisas que ameaçam minhas condições de existência e de que eu mesmo tampouco tinha conhecimento. Não me surpreende que eu esteja emocionado. Sim, parece bastante ingênuo e até simplista; é como escolher entre o bem e o mal. E é exatamente disso que se trata: um juízo que fazemos junto àqueles que nos ajudam a jogar essa amarelinha, juízo elaborado a partir das respostas sobre aquilo que nos faz viver, depois sobre aquilo que nos ameaça e, por fim, sobre aquilo que fazemos ou deixamos de fazer para enfrentar essa ameaça. Nada poderia ser mais simples, nem mais decisivo. É por isso que o jogo se assemelha ao desenho de um alvo e somos nós que estamos no meio, na linha divisória entre o passado e o futuro. Exatamente onde precisamos decidir: *Hic est saltus.*[61] *Apostar nossas vidas*, em todos os sentidos dessa palavra.[62]

---

[61] *Hic est saltus*: aqui é o salto. Referência à fábula de Esopo em que o protagonista se vangloria por ter testemunhas de seu salto notável em Rodes e recebe a seguinte resposta: "Para que citar testemunhas se é verdade? *Hic Rhodus, hic salta* [Aqui está Rodes, salta aqui]". (N.T.)

[62] No original em francês, "Dans tous les sens du mot, vous y *rejouez votre vie*". Entre os vários sentidos possíveis para o verbo *jouer* estão →

De fato, cada vez que o participante menciona em voz alta uma das entidades de sua lista, alguém da assembleia vem desempenhar o papel de peão. Cabe então ao participante situar esse personagem naquela espécie de bússola, ou deslocá-lo de acordo com a evolução de sua breve narrativa. O resultado surpreendente desse pequeno teatro é que, quando menos se espera, o participante se vê rodeado por uma pequena assembleia que representa, diante dos demais participantes, sua situação mais íntima. Quanto mais listar seus vínculos, melhor define a si próprio. Quanto mais exata for a descrição, mais completa fica a cena. Aos poucos, o participante assume a forma de um daqueles holobiontes que, até então, pareciam dificílimos de representar. E, então, um dos participantes resume o sentimento com um adjetivo: "Fui repovoado".

Como sinalizar tamanha mutação? Reconhecendo que os terrestres não se veem mais *diante* de uma paisagem. Ao descrevermos nossas interdependências aos outros e por meio dos outros, o solo parece nos erguer pelos pés, e nos girar de ponta-cabeça. O território não é mais aquilo que ocupamos, mas aquilo que nos define. Finalmente entendemos que a metamorfose funciona pelo avesso: agora o aspecto-barata de Gregor quase nos parece "normal", enquanto a posição de seus parentes se mostra incrivelmente falsa. Enquanto eles se viam livres e pensavam que Gregor era prisioneiro de seu corpo mutante, o que se desdobrou foi exatamente o inverso.

A história da arte explora há muito tempo essa estranha característica dos humanos de antigamente (os humanos modernos): eles agiam como se estivessem pregados em uma caixa na qual uma das paredes fazia as vezes de um quadro – é o célebre

---

→ jogar, brincar, interpretar (um papel) e arriscar. Traduzimos por "apostar" para manter, ao menos, os sentidos de jogo e de risco. (N.R.T.)

cubo branco dos museus, o *white cube* dos críticos de arte. Nesse quadro, estariam representadas todas as coisas que foram repentinamente *interrompidas* em seu movimento, em sua trajetória, para que pudessem permanecer sob o olhar do espectador – ou, mais precisamente, daquele que viria a *se tornar* um espectador quando dele se exigisse que julgasse a qualidade da pintura.

Que cenografia estranha! Para montá-la, precisamos que o espectador se detenha em seu caminho e vire de lado, 90 graus sobre seu eixo. Para então o prendermos numa caixa e pedirmos que permaneça imóvel, o que exige que ele se contorça para ver, no quadro vertical, a forma que as coisas assumem. Mas essas coisas, elas também, foram interrompidas em seus cursos de ação e viradas de lado, 90 graus sobre seus eixos. Já não lhes pedimos mais que prolonguem sua existência, mas que se submetam ao olhar do espectador, oferecendo-lhe, por assim dizer, seu melhor perfil. Essa visão torta do espectador já despertou muita suspeita, mas as contorções que lhe são impostas não são nada comparadas às que se impõem às potências de agir, forçadas a interromper suas trajetórias para serem observadas.

Atrás da parede da caixa, e mesmo se aceitarmos pintar "em perspectiva", as coisas-interrompidas são distribuídas de acordo com suas proporções para gerarem a ilusão de um espaço tridimensional. Diante da parede, o recém-espectador começa a julgar a qualidade da tela, indicando a seu gosto o que lhe parece adequado ou não, até produzir outra ilusão: a de um avaliador capaz de um juízo estético desinteressado.[63]

---

[63] Latour provavelmente se refere ao pensamento de Immanuel Kant, para quem o juízo estético é desinteressado porque não se refere ao objeto, mas à disposição do ânimo do sujeito. Os objetos geram interesse por serem agradáveis, mas o juízo é desinteressado porque depende da forma como as faculdades de conhecimento do sujeito funcionam diante do objeto tido como belo e não do objeto em si. (N.T.)

O quadro (o território) é, assim, achatado, como que espremido entre duas pirâmides: em uma delas, o cume é virtual, estando ao lado da célebre *linha de fuga* ao infinito; na outra, o vértice está no olho daquele cuja função é apenas observar.

Se, por exemplo, o espectador tem diante dele uma paisagem com uma montanha, um lago, um pôr do sol, um bando de cervos e, no canto esquerdo, uma floresta, cabe somente a ele decidir se o sol está "bem executado", se o lago não poderia ser "mais claro", se os cervos não poderiam estar "um pouco mais espaçados" e se as sombras da floresta são "evocadas de forma magnífica". É o espectador que julga e decide, a ponto de acreditar que cada relação entre floresta, sol, lago, animal e céu passa *por ele* e se estabelece *para seu próprio bem*. Pouco importa, aliás, se colocamos diante dele uma obra-prima, um projeto de desenvolvimento industrial, um plano de batalha, uma vista do céu, uma cena de teatro ou o mapa de um território que um soberano quer dominar. Como diz Frédérique Aït-Touati,[64] só importa o que está "diante dele", a *paisagem*,[65] essa invenção europeia do século XVII. O sujeito – pois trata-se agora de um "sujeito" – nunca deixa o *white cube* de onde emerge uma visão em forma de paisagem, com as coisas do outro lado necessariamente aparecendo como objetos (pois trata-se agora de "objetos") que estão, por assim dizer, em suas mãos. Nessa grande cena, reconstituída por Philippe Descola, aquele que permanece fixo na caixa se torna um sujeito *naturalista* diante de objetos *naturalizados*. Percebemos a grande estranheza dessa história: a "Natureza" só existe para um sujeito; e é nessa caixa que ele permanece confinado. Como

---

[64] Pesquisadora de Literatura Comparada e diretora de teatro em Paris, Frédérique Aït-Touati tem realizado peças de teatro e performances elaboradas em parceria com Bruno Latour. (N.E.)

[65] O termo está em inglês: "*landscape*". (N.T.)

borboletas em uma gaveta de insetos, é como se o espectador e as coisas se encontrassem afixados por duas agulhas finas, acompanhados de etiquetas de borda azul com os seguintes dizeres em tinta preta: "sujeito moderno", "objeto moderno".

Temos aí mais um efeito paradoxal do confinamento: ele nos permitiu escapar de uma caixa como essa. A "metamorfose" deve ser lida ao contrário: é Gregor que retoma uma forma animada e são seus parentes que seguem acuados na posição impossível de sujeitos paralisados diante de objetos igualmente paralisados.

O que acontecerá se os protagonistas dessa cena se colocarem novamente em movimento, desvirando-se a 90 graus sobre seu eixo (mas dessa vez no sentido certo), e se juntarem ao fluxo das coisas, elas também retomando seu caminho e deixando de servir apenas como objetos de representação para os outros? Do lado dos "objetos", será uma alegre debandada. A floresta, o lago, a montanha, os cervos e o solo continuarão onde estão, mas não *passarão mais* pelo sujeito para que seja ele quem decide sobre o que lhes convém ou não: porque eles retomam seu caminho decidindo *por si* e *para si mesmos* – o que irá lhes permitir durar um pouco mais. Aqui, novamente, é como se um rio descongelasse e voltasse a fluir. É o fim do naturalismo.

Mas o "sujeito" tampouco segue aprisionado. No início, ele se sente um pouco rígido, está fora de forma, mas rapidamente recupera sua agilidade. Tão logo é repovoada, a pessoa começa a avançar com o mesmo movimento das formas de vida, é apressada e pressionada por elas, apanhando de viés, em pleno movimento, aquelas de que ela depende e decidindo de pronto, ali na hora, o destino daqueles que dependem de sua ação. É como se, em vez de contemplarmos de nossa esquina uma grande manifestação que desfila diante de nós, decidíssemos nos juntar ao fluxo. Até então espectadores, passamos a ser obrigados a seguir na mesma direção que a multidão ruidosa e agitada, compartilhando finalmente das mesmas preocupações de engendramento com cada uma das entidades de nossa lista. Já não vemos mais as coisas "diante de nós", é verdade; mas ao contrário do antigo "sujeito" colocado diante dos antigos "objetos", não somos mais estranhos à sua dinâmica. Eis o fim do antropocentrismo.

Ainda podemos compor um quadro, mas a direção e o modo de coleta das imagens não serão mais os mesmos. Já não pediremos aos seres colocados novamente em movimento que suspendam seu curso, assim como não pedimos aos peixes que sorriam educadamente para o aparelho que capta sua desova em uma escada de peixes.[66] Em vez disso, é como se operássemos *cortes* em um fluxo, detectando, por meio dos sensores, a viva passagem de todas as trajetórias emaranhadas. Sim, neste quadro, o cervo se moveu, o sol se pôs, a floresta foi arrasada; nesse outro, existem cercas agora, as árvores foram replantadas, vemos vacas com seus bezerros, o céu está chuvoso. Contudo, o que percebemos nesse quadro não é a passagem do tempo do relógio, mas as imagens congeladas[67] das decisões tomadas pelos viventes ao persistirem em seu ser.

Em meio a essas formas de vida – é isso que faz toda a diferença – estão as ramificações de que a pessoa repovoada, guiada por outro critério de orientação, deve se apropriar; daqui em diante, é nessa multidão, nesse fluxo, nessa manifestação, que ela irá decidir seu destino. Teria essa pessoa defendido a

---

[66] Canal construído em torno de barreiras hídricas naturais ou artificiais para facilitar a passagem de peixes de espécies que fazem migração. (N.R.T.)

[67] No original em francês, "les arrêts sur image". Latour se refere à técnica cinematográfica mais conhecida como *freeze frame*. (N.R.T.)

floresta do desmatamento, autorizado os cercamentos, incentivado o replantio, mantido a qualidade da água do lago? Ou foi antes o cervo que fugiu, os pinheiros-lariços que não resistiram à mudança climática, o lago que teve seu nível reduzido pela seca? As mesmas perguntas se aplicam *paralelamente* a todas as formas de vida que fogem ou que fluem umas com as outras, cruzando-se e descruzando-se. Não mais linhas *de fuga* conduzindo ao infinito, mas *linhas de vida* – aquilo que Chantal, como musicista, chamaria de *fugas*.[68]

A pessoa repovoada se confronta com essa situação. Isso significa que ela tem o direito de *redescobrir* ascendentes e descendentes. O território que ela aos poucos recompõe não lhe pertence mais; ela que é *julgada por ele*. Sarah Vanuxem[69] diria que é o território que se torna – ou volta a ser – seu proprietário. Aí está o *nomos* da terra.[70] A metamorfose se realizou: de "sujeito", que contemplava uma paisagem, a participante, ela se tornou o *vetor* de uma decisão a ser tomada em meio a ascendentes e descendentes. É nessa interseção, nesse caldeirão, que a metamorfose será avaliada por sua capacidade de decidir sobre a *fecundidade* ou a *esterilidade* das formas de vida junto às quais seu destino está, de agora em diante, misturado. Ela

---

[68] Latour se refere ao estilo de composição polifônica, na qual três ou mais vozes se sucedem cantando o mesmo tema musical. A Chantal a quem ele alude é Chantal Latour, sua esposa, que é musicista. (N.T. e N.R.T.)

[69] Advogada e pesquisadora na área do Direito Ambiental, pesquisa populações camponesas e a esfera do comum na França. (N.E.)

[70] Carl Schmitt associa o *nomos* da terra ao processo de formação do direito internacional europeu que acompanhou a consolidação, a partir do século XVI, dos Estados nacionais como forma da unidade política por excelência. Em diversas ocasiões, Latour recorre a Schmitt (ainda que deslocando seus argumentos do contexto original) para pensar o tipo de direito exigido pela intrusão de Gaia. Cf. por exemplo *Diante de Gaia: oito conferências sobre a natureza do Antropoceno* (São Paulo: Ubu, 2020), capítulo 7. (N.T. e N.R.T.)

pula em um pé só na amarelinha em que sua sorte é decidida, entre Terra ou Céu.

É nesse ponto que a palavra "metamorfose" começa a cumprir sua promessa, desde que se leia o romance de Kafka de forma invertida. Para localizar um indivíduo, é preciso necessariamente acrescentar um contexto que o esmaga e que o reduz a quase nada; entre ele e o contexto há uma completa descontinuidade. Esse é o sentido mais usual do adjetivo "kafkiano". Por sua vez, uma pessoa que aprende a se situar se torna cada vez mais específica e particular conforme se expande a lista de coisas de que ela depende ou que dependem dela. É esse o grande paradoxo dos holobiontes ou da sociologia das associações: estar melhor familiarizado com alguém é avançar sempre mais em direção àqueles aos quais estamos misturados. O indivíduo reduzido a quase nada se sente fatalmente sem forças diante da imensidão daquilo que o domina; já a pessoa, o ator-rede, o actante-povo, o holobionte – não importa como se queira chamá-lo – sente seu entusiasmo crescer à medida que os itens que compõem sua lista, seu curso de ação, seu *curriculum vitae*, se dispersam e se multiplicam. Existem "laços que liberam": quanto mais o indivíduo é dependente, menos é livre; no entanto, quanto mais a pessoa se reconhece dependente, maior é sua margem de ação. Quando o indivíduo tenta se desvencilhar das coisas, ele tropeça constantemente em seus limites, geme e se lamenta, é invadido por paixões tristes, lhe resta pouco mais que a indignação e o ressentimento. Já quando a pessoa se estende, repovoa, ganha distância, notamos que ela literalmente *se dispersa*, distribui-se, mistura-se e recupera, aos poucos, as potências de agir que sequer podia imaginar ter. Definitivamente, o "inseto monstruoso" não é o que pensávamos. É Gregor que cria asas e são seus parentes que dessecam em sua caixa.

Essa espécie de bússola não apenas *orienta* quem dela se vale, como também *corrige* um princípio de engendramento que havia se rompido. Se o "sujeito" moderno de outrora não sabia *onde* se situar no espaço de tão torto e imobilizado que estava, olhando de soslaio para ficar diante de "objetos" igualmente invertidos, em suspensão, extraviados pela obrigação de se oferecerem ao olhar – como se fossem a cabeça de São João Batista na bandeja de Salomé, para usar o exemplo de Louis Marin –, esse sujeito moderno tampouco sabe onde se situar *no tempo*. E isso porque, para entrar no cubo, ele devia romper com seu passado, e até mesmo com o próprio ato de passar. Não basta apenas romper de modo radical com o passado para se tornar "decididamente moderno": é preciso aceitar *prescindir dos meios de passar*. Privado tanto de sua ascendência quanto de sua descendência, o "sujeito moderno", quando percebe que se perdeu, não pode voltar atrás para encontrar a fonte de ação que o ajudaria a se situar. Essa é a fonte de sua angústia: para não cair na tentação de voltar atrás, para não correr o risco de passar por "reacionário", o sujeito moderno *queimou todas as pontes atrás de si*. O futuro fez do passado um pesadelo e traçou um abismo intransponível entre os dois. É uma situação terrível essa em que o sujeito moderno se encontra, pois a ele só resta avançar, sejam quais forem as consequências. Desse modo, ele só se faz persistir no erro – coisa que, como se diz com toda razão, é obra do diabo.[71] Incapaz de ter uma experiência do mundo, o sujeito moderno acabou *tornando a vida impossível* para si. É essa solução de continuidade que dispositivos como o experimento da bússola acabam por pretender ajudar a restaurar.

---

[71] Latour se refere ao provérbio *Errare humanum est, perseverare diabolicum*, que pode ser traduzido em português como "Errar é humano, mas perseverar no erro é diabólico". (N.R.T.)

Quando encontram os terrestres, os progressistas de antigamente sempre nos acusam de querer "voltar ao tempo das lamparinas", e isso nos faz rir. De fato, se os Modernos realmente queimaram pontes para não poder voltar atrás, é provável que só restem mesmo algumas lamparinas nas caixas destruídas pelo fogo! Mas nós, os terrestres, não estamos reduzidos a exíguas sucatas encontradas nos escombros. Tratar-nos por "arcaicos" é perder de vista a questão, pois estamos inteiramente desacostumados a recorrer ao cutelo da "modernização". Nada nos impede, portanto, de *voltar atrás*, uma vez que nos recusamos a ignorar as preocupações de engendramento de todos aqueles de que dependemos, a montante, e que dependem de nós, a jusante. Para nós, esses grupos se encontram novamente conectados. A abominada palavra "tradição" não nos assusta: nós a vemos como um sinônimo da capacidade de inventar, de transmitir e, consequentemente, de durar. Tentamos reatar o nó górdio partido pela navalha da modernização, redescobrindo os modos por meio dos quais as formas de vida persistem em seu ser. Jamais quisemos deixar a terra. Nunca tivemos outra motivação que não fosse Gaia. Permanecemos filhos de Adão, humanos, feitos de pó, talvez, como húmus; carregados, transbordantes, múltiplos, sobrepostos e, quem sabe, enfim, *capazes de reagir* às consequências inesperadas de nossas ações.

10 — Multiplicação de corpos mortais

Acho curioso que, embora muitos de nós tenhamos percebido que a paisagem pode se colocar novamente em movimento; que a economia pode se tornar, enfim, superficial; que Gaia não se comporta como as famigeradas "coisas inertes" que a "Natureza" supostamente reuniria, ainda assim querem me convencer de que eu "tenho" um corpo "biológico".

Na segunda-feira, estive no hospital da Salpêtrière para uma nova injeção de Taxol.[72] Na terça-feira, foi a vez de um excelente acupunturista, que se autodenomina "um pouco bruxo", enfiar agulhas quentes na minha panturrilha, liberando um doce aroma de artemísia. Na quarta-feira de manhã, minha treinadora de Qi Gong,[73] Laetitia Chevillard, ensinou-me como respirar lentamente para conseguir enviar minha energia para o pé direito; à tarde, dessa vez no hospital da Pitié, a nefrologista analisou meus dados pessoais registrados no sistema informatizado para avaliar se finalmente meu rim se comporta bem. Sem contar que, na sexta-feira, consultei-me com um novo especialista: um cardiologista. Ele tentou me submeter a uma ultrassonografia, mas saí da consulta com dois novos remédios para desacelerar meu coração – ele batia tão rápido que foi impossível realizar o exame. Todas essas são experiências bastante comuns, mas considerando tudo o que aprendi sobre a inversão da paisagem, pergunto-me se não deveria, eu também, começar a liberar meu corpo. Por estarmos

---

[72] Nome comercial do paclitaxel, medicamento utilizado no tratamento de câncer. (N.T.)

[73] Técnica de exercícios corporais baseada nos princípios da medicina tradicional chinesa. (N.R.T.)

confinados, somos tomados pelo desejo de nos emanciparmos inteiramente e de irmos até o fim na mutação metafísica.

É verdade que, em outros tempos, eu aceitaria a ideia de ter um corpo "biológico" concebido como base material e fundamento indiscutível, ao qual eu acrescentaria meu corpo *vivido* desde o interior, o corpo da minha subjetividade. Isso é o que se permite falar em efeitos "psicossomáticos": o coração bate muito rápido em razão da ansiedade, as agulhas produzem uma sensação interna de energia redistribuída, e assim por diante. O que percebo, porém, é que esse modo de distribuir os valores não faz justiça a Terra: sua materialidade é composta de forma bem distinta daquela da antiga "matéria". É claro que podemos criar pequenos reservatórios, segmentos e sequências do Universo quase por toda parte (ainda que isso exija grande esforço e mobilize muitos recursos humanos), mas eles nunca são numerosos e autônomos o suficiente – ao menos na zona crítica – para delinear um tecido contínuo que se assemelharia à *res extensa* da tradição filosófica. Em vez disso, o que temos é um arquipélago, uma pele de leopardo, uma colcha de retalhos. São os viventes entremeados que compõem o fluxo do mundo terrestre, todos emaranhados nos sedimentos de suas ações – montanhas e oceanos, ar e solo, cidades e ruínas.

Confundir fundo e superfície, primeiro e segundo planos, seria como tomar o agronegócio como a expressão daquilo que compõe um solo. Acredito que quase todo mundo hoje compreende a diferença entre os dois: com o uso de insumos e transformando em externalidades todas as consequências perniciosas – agricultores envenenados, erosão acelerada, rios eutrofizados, insetos exterminados –, é possível obter grandes rendimentos por algum tempo, mas trata-se aí de deslocar, expulsar e fazer o campo orbitar *fora do solo*. Longe de exprimir a verdadeira natureza daquilo que pode se constituir como paisagem, cada vez mais o agronegócio mostra o que ele realmente é: uma *apropriação da terra*, uma apreensão violenta, uma ocupação durante um certo tempo por outros e, principalmente, para outros, até que fujam para outro lugar, deixando para trás a terra devastada. Basta acompanhar os agrônomos para sentir a diferença, evidente mesmo a poucos metros de distância, entre um campo cultivado pelo agronegócio, ejetado para fora do solo, e um solo deixado em repouso, adensado pela multiplicidade de viventes que o compõe. E, quando digo sentir, é usando o nariz mesmo, depois de um pedólogo[74] lhe mostrar como esboroar um torrão de terra na palma de sua mão.

Trata-se, portanto, de uma questão de divisão entre o contínuo e o descontínuo, de inversão entre primeiro e segundo planos. Apesar de seu nome, a "coisa extensa", *res extensa*, tida como o fundo do mundo desde o romance filosófico de Descartes, só se consegue *estender* localmente e sobre certos segmentos ou porções de nossos cursos de ação. No caso da agricultura, a coisa extensa parece se encolher como uma pele de onagro,[75] o que faz com que a expressão "agricultura moderna" comece a designar uma esquisitice do passado...

Mas então por que o oncologista de segunda-feira, o nefrologista de quarta-feira à tarde e o cardiologista de sexta-feira se comportam como se tivessem simplesmente recortado três órgãos distintos em um *mesmo corpo* contínuo, meu corpo "biológico"? E por que eu deveria associar o acupunturista de terça-feira e a treinadora de quarta-feira de manhã à minha

---

[74] Pedologia é a ciência que estuda os solos. (N.R.T.)

[75] Referência ao romance de Honoré de Balzac, *A pele de onagro*, publicado em 1831. A pele permite que o protagonista realize todos os seus desejos, mas ela encolhe a cada pedido alcançado, encurtando também a vida daquele que a possui. (N.T.)

psicologia e aos efeitos que ela supostamente induz, um tanto misteriosamente, por intermédio de alguma "glândula pineal" (outro belo achado do mesmo René Descartes)?[76] Aliás, se entendi bem o procedimento desses especialistas, a única continuidade que eles percorreram foi a da base de dados informatizada que consultaram com a mais perfeita seriedade. Fica a impressão de que a continuidade dos meus órgãos constitui, na verdade, um *mapa* que repousa bem superficialmente sobre o *território* de um corpo acessível por outros procedimentos, como agulhas ou exercícios de respiração. O que vale para o campo vale também para o corpo: nem o agronegócio exprime o comportamento do solo, nem as diferentes concepções dos biólogos exprimem as potências de agir do meu corpo. Também aqui, o mapa não é o território visto de baixo e de dentro para fora.

Não estou reclamando da autoridade médica, nem criticando o reducionismo por julgá-lo impossível: apenas quero tornar meu corpo compatível com o que aprendi com Terra. Não seria o caso de reavivar a antiga analogia entre microcosmo e macrocosmo, mas ainda assim eu gostaria de fazer os dois trabalharem juntos. Se jamais tivemos a experiência de encontrar "coisas inertes", isso é ainda mais certo quando se trata do encontro com nosso próprio corpo! Tampouco quero acusar os médicos de fatiarem nosso corpo em pedaços, tal como fazem os açougueiros com um pedaço de carne, ao contrário do acupunturista e da treinadora, que o apreenderiam *in toto*, de modo "holista". Assim como Gaia não é uma totalidade

---

[76] Para o filósofo René Descartes, a glândula pineal era a principal sede da alma, o local onde todos os pensamentos eram formados e o ponto da união substancial da alma com o corpo. Cabe mencionar, porém, que essa glândula não é propriamente um achado de Descartes: sua explicação reproduzia em grande parte outras teorias físicas da época. (N.R.T.)

coerente, tampouco o é meu corpo; assim como a Terra não é um "organismo" vivo, o meu corpo não é um "organismo" único. Tomá-lo "em sua totalidade" faz tão pouco sentido quanto extrair uma "parte" dele e esperar que ela continue funcional. "Uma libra de carne"[77] isolada não faz qualquer sentido, como não o faz um "corpo inteiro". A unicidade, as bordas, as fronteiras, isso é o que mais falta aos viventes – o que vale para as partes, sem dúvida, mas também para as totalidades. É exatamente esse aspecto que a palavra holobionte consegue captar: os heterótrofos não podem, por definição, estabilizar aquilo de que dependem. Dê-lhes uma identidade e ela inevitavelmente estará em desequilíbrio com todos os seres que autorizam, contestam, sustentam, alicerçam essa membrana provisória. Isso vale tanto para as entidades "coração" e "rim" quanto para as entidades "corpo astral", "zona energética", "aura" ou "pontos de acupuntura". A grande vantagem do confinamento é nos livrar de bordas com linhas bem marcadas.

Gregor, preciso de sua ajuda: sabemos que seus parentes têm um corpo "biológico" e uma "psicologia"; mas e você, que sofreu a metamorfose que procuro experimentar um século depois, em que corpo você teve de se acostumar a viver?

Percebo que, quando evocamos Terra, falar em "corpo biológico" soa um tanto descabido. Ele se tornou dependente dos instrumentos, dos laboratórios, dos exames, das bases de dados, da pesquisa, dos testes clínicos... e se *reduziu* às apropriações locais, às apreensões parciais, aos procedimentos invasivos que às vezes funcionam como esperado, outras não. Esse é o único sentido útil da palavra "reducionismo": aquilo

---

77 Latour possivelmente se refere à fiança exigida pelo agiota judeu Shylock a seu rival cristão, Antônio, na peça *Mercador de Veneza* de William Shakespeare: se Antônio não pagasse a quantia emprestada, Shylock receberia uma libra da carne (*the pound of flesh*) de seu devedor. (N.R.T.)

que os procedimentos de laboratório permitem captar. Há, assim, entre essas ilhas, esses arquipélagos, essas Espórades,[78] tantos vazios e descontinuidades que não temos nenhuma dificuldade em acrescentar uma boa dúzia de outras profissões, outros dispositivos, treinadores e acupunturistas, bruxos e escarificadores, cada um com seus meios, suas razões e suas ambições, mas sem que nenhum deles seja capaz de "cobrir" a experiência de ser um corpo. Agora há espaço para todos.

Mas isso ainda não basta para caracterizar esse fluxo da experiência do qual posteriormente se desprendem as diferentes profissões. No entanto, preciso dessa definição para assegurar a compatibilidade entre a experiência de viver confinado em e com Gaia e a de viver confinado em e com meu corpo. De nada adiantaria me convencer da impossibilidade de deixar Terra, se sigo acreditando que seria bom, e talvez até possível, prescindir de meu corpo "biológico" para, não sei, ser "realmente eu" em outro lugar...

Empreguei antes a expressão "corpo vivido" para designar a apreensão subjetiva de um conjunto de coisas visto de dentro, em oposição a meu corpo verdadeiro – meu corpo "objetivado" ou mesmo "reificado", como se costumava dizer –, que permaneceria firmemente "biológico". Mas agora gostaria que "corpo vivido" passasse a indicar a multidão de viventes que se reúne provisoriamente – apenas o suficiente para permitir que eu prolongue minha existência por algum tempo. O que há de intrigante na experiência do câncer é que ela obriga a se interessar pela independência de certos seres que seguem mais livremente seu próprio caminho do que outros. Esses seres são minúsculos, inacessíveis, astuciosos, obstinados, mas, acima de tudo,

---

[78] Espórades é o nome de um arquipélago grego localizado no mar Egeu. (N.R.T.)

como todos os outros viventes, eles se submetem a uma lei que se dão a si próprios. *Sui generis* e causa de si: atributos que se aplicam a todas as potências de agir, e a Gaia por excelência. Essa nuvem de holobiontes, esses bilhões de potências sobrepostas, entrelaçadas e interdependentes entre si; cada uma delas leva sua própria vida; cada uma perdura ou desaparece, engendra ou se apaga, conforme suas escolhas. O corpo vivido, o corpo dos viventes – em suma, o corpo dos mortais – designa agora a materialidade mesma daquilo que sou. Isso vale tanto para o meu interior quanto para o meu exterior, para meu antigo corpo "subjetivo" tanto quanto para meu antigo corpo "objetivo". Se o oxigênio que respiro provém das bactérias, os pulmões que o absorvem provêm das linhagens imensamente longas que fizeram do oxigênio uma oportunidade. Quanto a mim, essa é a chance que tenho de surfar por algum tempo nessa imensa onda que designo como "meu corpo".

Não seria essa uma boa maneira de assegurar a continuidade da experiência ou, como diz Stengers, de "reativar o senso comum"? Foi isso que serviu de inspiração para a grande tradição filosófica alternativa do século passado, aquela de William James e Alfred Whitehead.[79] Ter um corpo consiste

---

[79] Ainda que William James (1842–1910) e Alfred Whitehead (1861–1947) não pertençam à mesma escola filosófica, a chamada "filosofia processual" do último deve muito à abordagem pragmática do primeiro (e isso declarado pelo próprio Whitehead no prefácio de seu livro *Process and Reality*). Isso leva Latour, grande admirador da obra de ambos, a vê-los integrando uma certa tradição intelectual, da qual ele próprio reivindica fazer parte. Tal tradição se caracterizaria pela prática de uma metafísica especulativa (isto é, não comprometida com um realismo de base positivista, nem satisfeita com uma mera coerência racional) e por uma concepção de empirismo que, não subscrevendo a bipartição natureza/cultura, considera como real (ou mesmo objetiva) toda sorte de experiências – incluindo aquelas que outras tradições de pensamento trataram como um subjetivismo. (N.R.T.)

em aprender a ser *afetado*. O antônimo de "corpo" não é "alma", "espírito", "consciência" ou "pensamento", mas sim "morte" – assim como o antônimo de Gaia é Marte, o planeta inerte. Mas essa tradição admirável permaneceu, como disse, alternativa e dissidente, imersa no enorme exílio imposto pelo positivismo, inaudível no tumulto da "grande aceleração". Se hoje ela volta, torna-se audível, é porque a experiência volta a ser vernácula, de engendramento. O macrocosmo ajuda a renovar o microcosmo. Não é pelo desdobramento das relações locais entre causa e efeito que as práticas de engendramento asseguram a continuidade, mas porque elas inserem em todos os hiatos dos cursos de ação, em cada detalhe. Elas são a solução de continuidade, a inspiração, a criatividade às vezes minúscula que viabiliza as ações mais corriqueiras – das células, dos genes, dos funcionários, dos médicos ou dos próprios robôs – para prolongar um pouco mais suas potências tanto de agir quanto de padecer. Ao longo do último meio século, foi através dos diferentes feminismos que a reivindicação sobre o corpo se expandiu gradativamente – *Our bodies ourselves*[80] –, a ponto de se infiltrar em todos os interstícios da *res extensa*; inicialmente de forma crítica, mas aos poucos ocupando toda a cena, até finalmente se tornar, graças à formidável ressonância com Gaia, a trama do próprio mundo e a nova posição padrão. Homens e mulheres, somos todos corpos engendrados e mortais que devemos nossas condições de habitabilidade a outros corpos engendrados e mortais de todos os tamanhos e linhagens.

---

[80] Em português, *Nossos corpos por nós mesmas,* título mais conhecido do livro publicado originalmente em 1970 pelo coletivo feminista de mesmo nome (antes chamado Boston Women's Health Book Collective). O livro, que se tornou referência nos debates sobre a saúde da mulher, é considerado um marco das lutas feministas. (N.T.)

11 — Retomada das etnogêneses

Graças à dura experiência do confinamento, os terrestres começam agora a perceber onde estão, orientam-se cada vez melhor e inventaram uma métrica própria para se locomover. Seu modo de proceder se baseia na exploração meticulosa, tateante, para descobrir aquilo de que dependem, no cuidado dispensado às práticas de engendramento. Eles têm até corpos mortais. Mas nada disso impede que se deparem com um novo enigma: quantos eles são? Existem outras sociedades que se assemelham a eles? É possível retomar sobre novas bases a questão do pertencimento a uma nação com fronteiras reconhecíveis? A esse respeito, o romance de Kafka não nos ajuda em nada. Só sabemos que Gregor morre sozinho e dessecado debaixo de seu divã, sem deixar nenhum testemunho sobre seus congêneres.

A dificuldade é ainda maior porque termos como "solo", "território", "povo", "tradição", "terra" e "retorno à terra", "ancoragem", "localização" e "organicidade" foram apropriados e colonizados pelos Modernos para descrever o passado, o arcaico e o reacionário – tudo aquilo de que precisavam se afastar a todo custo por meio de um salto extraordinário para o futuro. Retomar esses termos, nesse sentido, equivale a vestir a túnica de Nesso.[81] E a queimadura arde ainda mais porque esses

---

[81] Na mitologia grega, Nesso é um centauro que tentou violentar a mulher de Héracles, Dejanira, mas foi morto a flechadas. Na versão mais popular do mito, antes de morrer, Nesso ofereceu a Dejanira sua túnica ensanguentada, alegando que ela tornaria Héracles fiel. O sangue de Nesso era, porém, um veneno, e quando Dejanira vestiu a túnica, logo sentiu o corpo queimando e morreu. A expressão "túnica de Nesso" costuma designar, portanto, um presente funesto. (N.T. e N.R.T.)

mesmos termos foram reivindicados, dessa vez *positivamente*, por aqueles que efetivamente aceitaram voltar atrás, que buscam a proteção de uma pátria, de uma nação, de um solo, de um povo, de uma etnia, de um passado sonhado. "Se a globalização não leva mais a lugar nenhum", vociferam, "ao menos nos deem um lugar seguro para viver. Confinados? Talvez, mas sem dúvida estaremos protegidos, e, acima de tudo, *entre os nossos*". Os anti-Modernos seguem a injunção proposta pelos Modernos, mas ao contrário.

Como os terrestres podem tornar o pertencimento à terra "leve" e, ao mesmo tempo, pretender nela se fixar de forma duradoura? Como fazer de Terra uma base confiável se essa terra já foi apropriada e reterritorializada por aqueles que a estão repartindo em várias nações justapostas cujo único ideal comum é a guerra de todos contra todos? Os terrestres correm o risco de parecerem tão estúpidos quanto o herói de David Brin em *The Postman*,[82] um indivíduo que anda sozinho por aí, alegando representar um Estado há muito desaparecido, sem outra arma senão seu boné, sua ombreira e sua bolsa de carteiro, que está, aliás, cheia de cartas sem autor ou destinatário. Os terrestres não podem explorar o resto do mundo, apresentando-se como os últimos representantes de um Estado universal que não existe mais... Mas o que significaria inventar um novo universal?

Que não venham nos acusar, a nós, terrestres, de contestar a universalidade da humanidade! Isso já foi feito e muito. O anti-humanismo é um jogo que se joga em todos os lugares de uma só vez. Era de se esperar, aliás, que o fim da Modernização se traduzisse numa grande desordem, já que, apesar

---

[82] *O carteiro* (tradução livre), livro de David Brin. Latour cita o título do livro em francês, *Le Facteur*. (N.T.)

de tudo, ela oferecia uma espécie de horizonte comum, uma imitação barata[83] do ponto Ômega.[84] Tão logo se desaferra essa ancoragem, tudo vai por água abaixo. Dia após dia, de crise em crise, esse universal negativo vai sendo revelado pela desconstrução sistemática do que costumava ser chamado de "ordem internacional". No momento, é preciso reconhecer, as ruínas da Modernização se assemelham sobremaneira à situação retratada por David Brin. É por isso que temos a impressão de que saímos de um confinamento apenas para entrar em um novo pesadelo.

Para piorar, a antiga solução já não parece suficiente para pacificar as nações em guerra, como era o caso quando dizíamos "No fim das contas, somos todos humanos na terra, é isso o que nos une". Havia duas maneiras de compreender essa solução, ambas nos conduzindo para fora-do-solo. Na primeira delas, "somos todos humanos" significava "por meio de nossa consciência, de nossos ideais, de nossa moral, nós todos escapamos, sem distinção, do destino das coisas inertes, dos corpos biológicos e dos animais". Isso significava, de fato, viver em qualquer lugar, exceto com Terra! Para isso, bastava crer em um Céu, fosse ele laico ou religioso, para o qual todos finalmente nos mudaríamos se concordássemos em nos modernizar. Mas a outra interpretação daquela máxima orgulhosa tampouco permitia que nos localizássemos na terra: "somos todos seres naturais, produtos das mesmas causas e destinados aos mesmos fins que os objetos feitos de matéria;

---

83 O termo está em alemão: "*ersatz*". Ainda que originalmente designe simplesmente "substituto", desde a Segunda Guerra Mundial, a palavra passou a ser muito usada no Reino Unido para se referir a imitações de qualidade inferior. (N.T. e N.R.T.)

84 Pierre Teilhard de Chardin criou o termo ponto Ômega para designar o que seria o último estágio da consciência humana. (N.T.)

modernizemo-nos completamente para desaparecer de súbito, como o faz a Natureza". Essa naturalização levava à mesma fuga acelerada para fora de Terra, ao mesmo movimento de arrancar-se do solo; ela provoca outra translocação, dessa vez não mais em direção ao Céu, mas em direção ao Universo, fazendo-nos passar para o outro lado, para o além do *limes*. Um duplo exílio, uma dupla fuga: essa era a recompensa prometida pela humanidade universal. Todos nos modernizávamos, é verdade, mas à custa de um suicídio coletivo! Pagamos caro demais. Diante de tamanha pulsão de morte, não surpreende que imaginações sobre o colapso tenham se popularizado tão rapidamente – é a explosão de um desejo oculto de colapsos.

Curiosamente, o confinamento ajuda os terrestres a fugir da fuga para fora do mundo. É por isso que, sem grande alarde, em toda parte vemos ressurgir a grande questão antropológica, aquela do reconhecimento recíproco de nações em vias de emergir, e que se perguntam o que significa ser humano com Terra. Se, apesar de tudo, a situação hoje está um pouco mais clara, é porque, sem que percebêssemos, o trabalho das *etnogêneses* foi sendo retomado conforme aumentava a desconexão entre o universal "humano" e as condições materiais da vida terrestre. É como se a partir de agora tivéssemos que lidar com diferentes regimes planetários; como se a humanidade tivesse realmente se resignado a viver em planetas diferentes; como se ninguém mais nutrisse ilusões quanto à possibilidade de unificar o gênero humano. Vejo-me obrigado a inventar uma espécie de astrologia, identificando os alinhamentos favoráveis e desfavoráveis desses corpos celestes que se tornaram cada vez mais incomensuráveis.

Começamos pelo planeta *Globalização*, que continua a atrair aqueles que esperam se modernizar como antigamente, mesmo que isso custe o desaparecimento progressivo da terra em que vivem. Para eles, ser "humano" é permanecer alegremente indiferente ao destino do planeta, negando a existência frágil e pelicular de sua zona crítica. Se, durante o século XX, a globalização traçava um horizonte comum, hoje ela aparece apenas como uma versão provinciana do planetário. É difícil universalizar essa negação da realidade – ao menos na terra.

Em seguida, temos o planeta que poderia se chamar *Exit*, habitado por aqueles que compreenderam muito bem os limites da terra, mas que, exatamente por essa razão, decidiram deixá-la (ao menos virtualmente), inventando para si *bunkers* hipermodernos em Marte ou na Nova Zelândia. Para eles, a palavra "humano", em seu sentido pleno, é reservada apenas aos ricos e aos famosos: 0,01%. O ideal de modernização para todos é abandonado e a fantasia da temível Ayn Rand definitivamente se realiza: finalmente não se ter mais que pensar nos outros! Aqueles que foram deliberadamente abandonados, *left behind*, são tratados meramente como "supranumerários".

Há, por fim, o planeta *Segurança*, habitado pelos abandonados à própria sorte que se reagrupam em nações fortemente confinadas. Tais nações também estão fora-do-solo, mas, seus membros esperam que elas, ao menos, ofereçam proteção. Nesse mundo, "Humanos" não designa exatamente uma generalidade, na medida em que, conforme o caso, o termo é substituído por "Poloneses", "Padanianos",[85] "Hindus", "Russos", "Estadunidenses Brancos", "Han",[86] ou "Franceses por ascendência", sempre cuidando para não incluir os que vivem fora das fronteiras. O ideal de humanidade comum é arremessado pela janela.

[85] O nacionalismo padaniano é um movimento que busca a autonomia da região da Padania, no norte da Itália. O partido Lega Nord [Liga Norte] é um dos principais porta-vozes do movimento. (N.T.)

[86] Maior grupo étnico da China. (N.T.)

Se os terrestres não se sentem inteiramente esmagados nessa conjunção terrível, isso se deve à atração poderosa de um quarto planeta. Evitamos dar-lhe um nome muito rapidamente para não nos deixar capturar pelo campo gravitacional da triste história moderna. Esse planeta não é "arcaico", menos ainda "primitivo", nem mesmo "fundamental" ou "ancestral". Ele é habitado por numerosos povos que, como diz Viveiros de Castro, sempre viveram *aquém* dos Modernos, inventando mil maneiras de manter seus modos vernáculos de existir, e resistindo como podem aos projetos de desenvolvimento. Vemos então que os extramodernos deixaram seus recantos e se desconfinaram, ou melhor, se descolonizaram a passos largos. Ficamos tentados a dar a esse planeta o nome *Contemporâneo*, já que, se antes era tido como obsoleto, agora ele se mostra tremendamente *atual*. Nas duras palavras de Nastassja Martin, são esses povos que os industrializados puseram em perigo que, agora, podem nos ensinar a sobreviver. É como se, para se civilizar novamente, os antigos modernos dissessem a si mesmos: "Sejamos firmemente *enselvajados*[87] por eles"...

Mas se são atraídos e repelidos por esses quatro atratores, que projeto os terrestres podem ter? A máquina de engendrar povos comprometidos com a investigação tateante sobre quem, com quem, contra quem e para quem são exige uma arte que Stengers chama de *diplomacia*.

É verdade que os Estados-nação já praticam a diplomacia, mas o fazem em territórios distorcidos, nos quais nunca há superposição entre o que está dentro de suas fronteiras e o que, estando fora, lhes permite, no entanto, prosperar. Os Estados-

---

[87] No original, *ensauvagés*. Optamos por seguir, na tradução desse neologismo, a expressão "enselvajar", empregada por Eduardo Viveiros de Castro no artigo "Imanência do inimigo". In: *Inconstâncias da alma selvagem* (São Paulo: Cosac Naify, 2002), p. 290. (N.R.T.)

-nação só aparecem lado a lado, *partes extra partes*, em um mapa geográfico, porque não sabemos desenhar os Estados-fantasmas que os tornam habitáveis, nos quais os Estados-nação se encontram como que dobrados sobre si mesmos. De fato, existem as chamadas relações internacionais e até mesmo alguns mecanismos supranacionais, mas nada disso tem sido capaz de reduzir a enorme e crescente desconexão entre os territórios "onde vivemos" e aqueles "de que vivemos". Assim, os diplomatas nunca sabem exatamente quais são os interesses daqueles que representam; por isso, até o mais honesto deles corre o risco de trair.

É inútil tentar se desvencilhar dos Estados-nação simplesmente celebrando o "local", pois enquanto as escalas dos Estados e dos territórios a eles justapostos provêm das mesmas coordenadas, a mais trivial investigação sobre as interdependências obriga a transpor sucessivamente as escalas de um e de outro. Não há nada que seja estritamente local, nacional, supranacional ou global. Teríamos de elaborar tantos mapas quantas são as potências de agir: cada rio, cada cidade, cada ave migratória, cada minhoca, cada formigueiro, cada computador, cada supercontêiner, cada célula e cada diáspora delineia uma forma que se sobreporia, se espalharia e transbordaria sobre as outras, sem dar a ver todos os seus meandros. Imagine a confusão que seria!

Queremos mesmo abandonar toda reivindicação de humanismo? A tentação é forte, agora que as formas de vida avançam todas na mesma direção. E, no entanto, abandonar o antropocentrismo – justamente quando os humanos modernizados, por sua quantidade, por suas injustiças, por sua expansão efetivamente universal, começam a sobrecarregar as outras formas de vida a ponto de serem considerados, segundo alguns cálculos, como os agentes de uma sexta extinção – seria abster-se da responsabilidade. Como afirma indignado

Clive Hamilton, este certamente não é o momento para os humanos recusarem o fardo que sua presença multiforme impõe aos demais viventes. Ainda que possamos ter razão em criticar o termo "Antropoceno", ele indica exatamente o objetivo que devemos alcançar – isso, claro, se entendermos que abraçar o anti-humanismo seria apenas uma maneira de escamotear o problema,[88] de autorizar Atlas a abandonar a missão da qual se encarregou involuntariamente. Ele não pode se desfazer de seu pesado fardo simplesmente dando de ombros – *Atlas shrugged all over again?*[89] O mito de Atlas só faz ainda algum sentido se for para aliviar a carga que certos povos impõem sobre os demais.

A máquina de engendrar povos esbarra em dificuldades por todos os lados porque os terrestres estão constantemente às voltas com a própria noção de fronteiras, sejam elas locais, nacionais ou universais. Entendemos o quão fora-do-solo estão os humanos modernos quando percebemos que seus recursos mentais se baseiam unicamente na identidade e em suas fronteiras. Trata-se de um equívoco análogo a tratar os heterótrofos (que dependem de outras formas de vida para existir) como se fossem autótrofos, autóctones e autônomos. É daí que provém o caos. No caso dos diplomatas enviados pelos Estados vestfalianos[90] para negociar

---

[88] Latour emprega a expressão *fuite en avant* ("fuga para frente", em tradução direta), que, na psicologia, designa o ato de escapar de situações que não se deseja confrontar. O autor já a havia utilizado em *Onde aterrar?* para designar o movimento dos modernos fugindo de seu passado considerado arcaico em direção à globalização. (N.R.T.)

[89] Referência ao livro de Ayn Rand (cf. nota 36). (N.R.T.)

[90] O conjunto de acordos conhecidos como Paz de Vestfália, firmados na Europa no século XVII, estabeleceram os princípios que caracterizam o Estado-nação moderno (dentre os quais se destacam a soberania e a não ingerência em assuntos de outros Estados), consistindo em um marco das relações internacionais. (N.R.T.)

a demarcação das fronteiras, compreendemos facilmente sua função; mas como seria uma *diplomacia dos holobiontes*? Seja como for, é da própria natureza da diplomacia introduzir *os limites da noção de limite*. Tão longe quanto se queira ir na história dessa arte tão antiga, os recursos da negociação sempre vêm da redefinição das famosas "linhas vermelhas" que as partes não cessam de traçar na areia proferindo inúmeras ameaças. Como se elas soubessem claramente aquilo que desejam e que precisam manter! Como se tivessem uma identidade! Como se soubessem de quantos seres exteriores dependem as finas membranas dentro das quais acreditam estar protegidos. A cada situação, diplomatas exercem a arte sutil de modificar os interesses em jogo, alterando as identidades das partes. Os holobiontes, essas superposições de mônadas, não podem se alojar dentro de fronteiras: isso seria como tentar partir o mar para ouvir o ruído das ondas,[91] já dizia Leibniz – quem, não por acaso, é o pai das mônadas e o padroeiro da diplomacia.

Temos então de proceder de forma diferente. Um caminho se abre para nós quando percebemos que o universal não se comporta da mesma maneira com Terra e com o Universo. Não se trata de um problema de escala, como se tivéssemos de passar progressivamente do local ao global, do pequeno ao grande, do específico ao geral. É uma questão de métrica. Os universais cuja marcha se encontra hoje interrompida se moviam como se estivessem no Universo: um caso podia substituir todos os casos. As "ciências régias" nos acostumaram a

---

[91] No prefácio dos *Novos ensaios sobre o entendimento humano*, Leibniz argumenta que, para ouvir o ruído do mar, é preciso ouvir suas partes, ou seja, o ruído de cada onda, embora cada um desses pequenos ruídos só se faça ouvir quando combinados com os demais. Em outras palavras, o ruído não seria notado se as ondas fossem isoladas. (N.T.)

essas generalizações fulminantes: Descartes mal havia estabilizado alguns resultados sobre a medida de um raio de luz e já se pôs a escrever o *Tratado do mundo e da luz*; Pasteur mal havia injetado uma vacina antirrábica em Joseph Meister e os higienistas já declaravam o "fim das doenças infecciosas"; a Sony só precisou fazer dois robôs antropomórficos abanarem a cabeça para que já anunciássemos o pós-humanismo! Os Modernos eram incapazes de ter certeza de um fato ou fomentar uma técnica sem projetar sobre eles uma mistura idealizada de conhecimento objetivo e magia. Eles estavam sempre à procura de uma *magic bullet*.[92]

Com Terra, porém, não é assim que as coisas se contaminam, conspiram, se disseminam, se emaranham, se complicam: sim, elas se espalham, mas sempre *aos poucos*, contando com o apoio de outros seres superpostos uns aos outros e sem jamais pular uma etapa. As ciências caminham lentamente, sem fazer recurso à magia. Os universais à moda antiga, emprestados do Universo, não são válidos em Terra. Que bela lição a Covid-19 deu aos confinados, lembrando-nos que é perfeitamente possível andar de boca em boca e de mão em mão e, com isso, dar várias voltas ao redor do planeta, tudo isso em poucos meses. O vírus, esse globalizador! Graças à pandemia, ao menos ninguém mais pode dizer que "pouco a pouco" significa necessariamente permanecer para sempre "locais" e "claramente distintos" uns dos outros.

Com isso, vemos que não estamos completamente sem recursos. Ao procederem tateando, compreendendo que cada

---

[92] Latour se refere ao conceito cunhado pelo cientista Paul Ehrlich para designar o ideal de um medicamento que fosse eficaz contra certos micróbios, sem desencadear efeitos nocivos sobre o corpo – a imagem era a de um projétil que, quando disparado, acertaria apenas o alvo intencionado. (N.R.T.)

limite dissimula outro e que cada mudança de escala implica a transmissão de um ser vivo a outro, as artes da diplomacia recuperam sua vocação original. Se Terra acabou se infiltrando quase por toda parte, por que razão aqueles que seguem seus modos de proliferação não conseguiriam se espalhar também? Sempre lentamente, sem passar por cima dos conflitos. Afinal, Gaia tampouco adquiriu *essas dimensões* de uma vez: ela se tornou o que é de momento em momento, de invenção em invenção e de artifício em artifício.

12 — Batalhas muito estranhas

Aprender com o confinamento é tentar tirar dele lições para o futuro, como se a Covid-19 pudesse servir de preparação, de ensaio geral, para quando estivermos novamente confinados em razão de outro pânico, diante de outra ameaça. Quanto mais o confinamento se prolonga, quanto mais ele avança de modo intermitente, quanto mais dura é a lição, tanto mais duradoura ela é: não sairemos mais disso! Do lado de fora, há outro invólucro, outro biofilme, outra zona crítica, cujo estado é efetivamente crítico. "Tudo está se desfazendo, temos a impressão de que não iremos muito longe". Entre ontem e hoje – entre Gregor, bom filho e bom empregado, e Gregor enquanto barata que busca controlar o movimento errático de suas seis patas peludas – o abismo é tamanho que faz doer no peito a lembrança dos velhos tempos, dos tempos modernos.

É a esse sentimento de confinamento que você pretende dar um sentido *positivo*? Só pode ser piada. Justo quando sufocamos por trás de nossas máscaras e somos obrigados a ficar a dois metros de distância de tantos rostos paralisados, de nossos pais, de nossos familiares? Pelo contrário, queremos respirar à vontade, a plenos pulmões, seguir em frente, deixar de nos preocupar – e viajar de avião!

Não é necessário ir tão longe para reconhecer novas linhas de conflito: elas atravessam nossos pulmões. Queremos respirar como antes e, mesmo que aqueles que pretendem "continuar como antes" nos sufoquem, conspiramos com eles. É todo o sistema respiratório planetário que se encontra desordenado em todas as escalas, desde a máscara com que respiramos ofegantes, passando pela fumaça dos incêndios, pela repressão policial ou, ainda, pela temperatura escaldante que se impõe até no Ártico... O grito é unânime: "Não conseguimos respirar!". E ao menos esse clamor conseguimos ouvir tanto do quarto fechado de Gregor quanto da cozinha ridiculamente pequena em que se esconde a família Samsa.

Percebemos essa guerra de todos contra todos não mais apenas quando um país se lança a ocupar outro como outrora, mas pela ocupação indevida de certos seres que nos permitem subsistir. Tal inseto, tal produto químico, tal metal, tal átomo (sim, até os átomos), sem esquecer o clima – ah, esse clima de que gostaríamos tanto, tanto de esquecer, mas que não nos abandonará mais... E essa ocupação, essa apropriação de terra tão multifacetada e multiescalar. Não poderia ser de outra forma, já que todo cidadão vive em um mundo que não é aquele que o *faz viver*. Os holobiontes nunca podem se definir por sua identidade, pois dependem de todos os outros para ter uma identidade. Por definição, eles estão sempre em desequilíbrio, em superposição com outros dos quais eles dependem.

Toda vez que um ativista entra em contato comigo, cidadão que sou de um Estado-nação, percebemos juntos que as fronteiras de nossas identidades, de nossas administrações, de nossas produções, de nossas técnicas e, claro, de nosso eu interior são irrelevantes. São vários os exemplos. Meu sobrinho se dá conta de que precisa colher as uvas para a produção de vinho a partir de meados de agosto; minha filha nota que sua microbiota[93] depende de uma alimentação que ela não havia priorizado até então; meu amigo percebe que os insetos que polinizavam as árvores frutíferas de seu quintal já não coli-

---

[93] A microbiota é o conjunto dos micro-organismos que habitam um ecossistema. No trecho em questão, o termo se refere aos micro-organismos presentes em tecidos ou órgãos do corpo humano; mais especificamente, à microbiota intestinal. (N.R.T.)

dem mais com seu para-brisa; meu vizinho repara que as terras raras[94] de que sua fábrica necessita estão todas nas mãos da China; todos, por fim, não podem deixar de notar que a temperatura da atmosfera depende de cada uma de suas ações cotidianas, e assim por diante. Cada encontro é um teste a que se submetem as fronteiras dentro das quais a ação de um agente se dava até então. Elas são sempre transgredidas por outros agentes que invadem o que antes delimitava um território. Isso aumenta ainda mais a duração, a intensidade e a angústia por estarmos confinados; e produz a impressão de que devemos sempre repelir as potências invasoras.

Encontro-me, então, entre dois mundos: aquele no qual vivo como cidadão em pleno exercício, protegido por direitos, e esse outro recinto, muito mais vasto, mais ou menos fácil de delimitar, mas cada vez mais povoado e distante: o mundo *do qual* vivo. São como dois ambientes próximos e, no entanto, desconectados. Minha questão política, moral e afetiva pode ser resumida, então, na seguinte pergunta: o que fazer com esse *segundo mundo*? O que significa estender as fronteiras de meu país, de meu povo, de minha nação para *incluir* esse segundo mundo tal como ele se revela aos poucos para mim? Teria eu me tornado o habitante de outro corpo político? É aqui que a etnogênese começa a dissolver seriamente meus pertencimentos anteriores. Já não sei mais qual é meu país. Já não reconheço mais meu solo. Estou perdido.

Para o bem ou para o mal, cada parte do meu corpo, do meu nicho, e do meu território é ocupada por outros. Estou disposto a ter amigos e inimigos, mas gostaria de que eles se organizassem em linhas mais ou menos reconhecíveis, em cam-

---

[94] Grupo de 17 elementos químicos muito usados em produtos tecnológicos. (N.R.T.)

pos, em *fronts*. Não peço que meus adversários usem uniforme, mas que ao menos possa reconhecê-los. Nada é pior do que essa guerra multiforme travada por milícias sem insígnia que se deslocam em carros de polícia não identificados como tais. Onde estão os emissores de CO_2? Como saber se os responsáveis pela morte das abelhas não estão em meu jardim ou mesmo em meus armários? Como reconhecer quem está com Covid-19 por trás de suas máscaras, especialmente quando estão assintomáticos? Onde encontrar aqueles que se beneficiam dos subsídios à exploração de petróleo?

Examinemos uma possível solução, a de expulsar para fora das minhas fronteiras aquilo de que, no entanto, necessito de forma vital para sobreviver. Parece uma solução perfeita: por um lado, continuo a lucrar com o acesso a esse segundo mundo; de outro, recuso a outros agentes, humanos ou não, qualquer forma de cidadania, de reconhecimento e de igualdade de direitos. É claro que, como diz Pierre Charbonnier, essa recusa me trará instabilidade, já que continuarei tendo que *ocupar* territórios cuja presença, no entanto, eu *nego*. Essa é, de fato, a posição do *extrator*: ele emprega uma violência extrema para manter a ocupação – seja de colônias ou de petróleo, de terras raras ou baixos salários – e rejeita de forma igualmente violenta toda responsabilidade, na medida em que os direitos do primeiro mundo não se estendem ao segundo. Estes são os dois movimentos da *apropriação da terra*: um que apropria e outro que exclui. Os *cercamentos*[95] recomeçam a todo instante. Mas como suportar essa tensão? O extrativismo nos enlouquece, pois o único meio de lidar com uma tal contradição é fugir para fora do mundo. Começo com o ceticismo climático e termino onde? Com os conspiracionistas?

---

95 O termo está em inglês: "*enclosure*". (N.T.)

Os Extratores são, então, meus inimigos? Não, pois cada momento da minha vida mostra que sou um deles! Se me separo deles, para onde irei? Especialmente porque a outra solução é ainda mais difícil de engolir. Suponhamos que, como cidadão convicto, eu decida *abraçar* tanto o mundo onde vivo quanto o mundo do qual vivo através de um novo traçado, de uma nova borda, e então diga sobre o conjunto assim circunscrito: "Aqui está meu solo, aqui está meu povo!" O que vai acontecer? Continuarei em desequilíbrio, mas dessa vez em relação ao Estado-nação que me permitiu ser, até aqui, um cidadão mais ou menos despreocupado. Aos olhos daqueles que rejeitam a inclusão de tantos migrantes – humanos ou não – nessa minha nova definição de cidadania, eu me tornaria um traidor. E os conflitos vão aumentar à medida que, como bom ativista, eu estenda minha investigação, repovoe meu novo território, mobilize mais saberes, multiplique as experiências alternativas e me oponha cada vez mais duramente aos costumes dos Extratores. Ficaria, assim, mais uma vez, apartado de todo pertencimento.

Como nomear aqueles que estão sem pátria porque querem inserir a pátria terrestre, ou melhor, a pátria-mãe-terrestre, na definição de seu próprio país? "Anarquistas"? Sim, porque rejeitam as fronteiras do Estado onde nasceram. "Socialistas"? Pode ser, mas como inserir os líquens, as florestas, os rios, o húmus e o maldito CO_2 na antiga ideia de sociedade? "Cidadãos do mundo", se esse mundo pudesse se tornar o planeta? "Internacionalistas", se a ideia de "nação" pudesse se estender aos não-humanos? "Interdependentes"? "Zonacriticistas"? "Legalistas"? "Reconectores"?

Mesmo que os Extratores mantenham a ocupação do segundo mundo por meio da violência e, também de forma violenta, refugiem-se na negação, os *Remendadores*[96] – estou

---

96 No original, *Ravaudeurs*. (N.R.T.)

testando esse nome provisório – devem lutar para criar outra tessitura para os territórios que seus inimigos abandonaram, depois de os terem ocupado e saqueado. Mas eles devem realizar os remendos sem lançar mão de nenhum dos recursos jurídicos, policiais, estatais, mentais, morais e subjetivos dos Estados-nação nos quais ainda se encontram inseridos, ao menos por enquanto. Sobretudo sem contar com a garantia de colaboração das inúmeras entidades desse segundo mundo que eles pretendem abranger, mas do qual ignoram os hábitos, os costumes e as reivindicações. E para complicar ainda mais as coisas, a superposição dos holobiontes faz com que atrás de cada fronteira se revele outra fronteira, outro mundo de operadores até então desconhecidos que terão de ser levados em conta. Isso explica a multiplicidade de controvérsias ditas "ambientais" envolvendo cada um dos participantes de um mundo que não é mais de forma alguma comum: a carne, o átomo, a floresta, a energia eólica, as vacinas, o carro, os tijolos, os agrotóxicos, os peixes, a semente, o rio; tudo a partir de agora é matéria de conflito. Mas o problema, justamente, é que esses conflitos não se organizam em uma cena reconhecível.

Nos dois últimos séculos, havia uma grande máquina, uma imensa cenografia, que organizava todos os conflitos e permitia indicar, ainda que grosseiramente, onde tínhamos de nos posicionar para tentarmos ser justos. Tratava-se dos conflitos entre ricos e pobres, que se tornam mais precisos com a distinção estabelecida entre proletários e capitalistas. O novo conflito entre Extratores e Remendadores (se aceitamos esse termo) desempenha o mesmo papel que o anterior, a julgar por sua ubiquidade, sua intensidade, sua violência e sua complexidade – exceto pelo fato de que ele mobiliza muito mais do que somente humanos. Dizer que tal conflito é mundial seria um eufemismo: nele, é o próprio mundo o que está em jogo, embora a definição de mundo de cada parte do conflito seja radicalmente diferente. Mais que isso, tal conflito atravessa a antiga luta de classes, dividindo-a em mil subseções transversais: foi isso que aprendemos com os Gilets jaunes.[97] Talvez a expressão *interseccionalidade* seja bastante oportuna: inventada para expressar a novidade dos conflitos entre humanos, ela é ainda mais adequada para designar os conflitos entre Extratores e Remendadores – disputas que obrigam, em cada caso, a redesenhar as linhas de frente e a tecer novamente, reparar, restaurar e remendar outras alianças em outros territórios.

A antiga cenografia dependia da Economia, já que era pela posição no "sistema de produção" que as injustiças podiam ser identificadas. Mas nessas novas e estranhas batalhas, a Economia é só um véu superficial, já que não é mais da produção que se trata. O que está em questão são as práticas de engendramento e a possibilidade ou impossibilidade de conservar, continuar ou até mesmo ampliar as condições de habitabilidade das formas de vida que mantêm, por sua ação, o próprio invólucro dentro do qual a história se desenrola. Não temos mais apenas uma história da luta de classes, mas sim uma história dessas novas classes, alianças e seções em luta pela habitabilidade, as quais recebem de Nikolaj Schultz o nome de "classes geossociais". O devir-não-humano dos humanos desloca a injustiça: já não é o "mais-valor" que é apropriado, mas as capacidades de gênese, o mais-valor de subsistência ou de engendramento.

---

[97] Em português, "coletes-amarelos", movimento contestatório que se iniciou em outubro de 2018 na França, com constantes manifestações, a partir do anúncio de que o governo iria aumentar a taxação sobre produtos de origem fóssil e sobre as emissões de carbono, e se desdobrou em diversas reivindicações. (N.T.)

Deveríamos, então, organizar a guerra entre Extratores e Remendadores em dois campos opostos? Isso seria impossível, pois a noção de "campo" possuía um sentido muito particular nos períodos revolucionários, quando esperávamos *substituir*, radical e totalmente, um mundo por outro por meio de um grande movimento dialético, de uma espécie de operação extrema, limitada no tempo, coerente e combinada. A terrível ironia é que essa substituição, essa grande substituição *já ocorreu*, e é justamente esse *mundo substituído*, o mundo modernizado, que queremos abandonar para encontrar o nosso – ou ao menos encontrar o que restará para fazê-lo prosperar. O Antropoceno é o nome dessa revolução total que aconteceu sob nossos pés, enquanto se celebrava, no glorioso ano de 1989, a "vitória contra o comunismo". Que estranha derrota!

O que torna todas as batalhas atuais tão estranhas é que estamos realmente em guerra, e se trata de uma guerra até a morte, de uma guerra de erradicação; e, no entanto, me sinto incapaz de organizá-la em dois campos, imaginando a vitória de um sobre o outro. Especialmente porque, para nos reunirmos sob uma mesma bandeira, seria preciso acreditar nas identidades, enquanto o que se revela na crise atual são justamente os limites de qualquer noção de identidade. Os inimigos estão por toda parte e, antes de tudo, em nós mesmos, pois eles se infiltram em nosso território, de forma inesperada, por intermédio das coisas que recuperaram seu movimento próprio – movimento que não podíamos distinguir quando elas eram tidas como meros "objetos inertes" e permaneciam, exatamente por essa razão, a distância. É dessa retomada de movimento que surge a obrigação de recompor ponto a ponto a natureza do solo; sim, remendá-lo, agora que cada detalhe das zonas críticas é um mundo próprio que nos implica e nos obriga a fazê-lo.

Assim, com os pés na bússola do experimento que realizamos em conjunto, me pergunto: por meio de minhas pequenas ações, eu favoreço ou esterilizo a existência daqueles dos quais me beneficiei até aqui? E seu número cresce à medida que se desdobram os holobiontes inseridos uns nos outros, em todas as escalas. Havia antes uma cultura política e afetos políticos nos incitando a "seguir adiante" e substituir esse mundo por outro, mas surpreendentemente não há um equivalente dessa cultura e desses afetos para a tarefa de *se ajustar* a Terra, para *interromper a substituição desse mundo por outro*. Seria preciso mudar os afetos, as atitudes, mesmo as emoções, e até modificar o próprio sentido da ação. Ó infelizes modernos, entendemos muito bem por que vocês desejam voltar a ser os humanos de antigamente, livres, emancipados de qualquer vínculo, indo em direção ao progresso, respirando a plenos pulmões, para fora, para fora! Essa foi a tortura de Gregor. E, no entanto, ele rapidamente compreendeu que ceder a essa tentação seria a melhor maneira de perder sua alma – e nós, a nossa.

13 — Espalhar-se em todas as direções

Admito que é bem estranho querer tirar lições da reincidência do confinamento, a ponto de tomá-lo como uma experiência quase metafísica. E, no entanto, é exatamente de física – meta-, infra-, para- – que se trata, pois somos obrigados a reconhecer, graças a essa provação, de ainda não sabemos *onde* estamos confinados; de não sentimos da mesma maneira a consistência, a resistência, a fisiologia, a ressonância, a combinação, a superposição, as propriedades e a materialidade das coisas que nos rodeiam. Os Modernos esperavam uma mudança de época, mas agora se veem obrigados a reaprender a se situar no espaço. Há apenas dois anos, organizávamos seminários para investigar as causas da insensibilidade à questão climática. Agora, todos compreendemos que ela existe, o que não significa que saibamos, porém, como reagir a ela. É que por trás da questão política – "Que fazer? Como sair dessa?" – surgiu uma outra pergunta: "Mas, afinal, *onde estamos*?". Graças ao confinamento, e até mesmo a essa máscara horrível que nos esconde o rosto e nos faz sufocar, passamos a sentir que, por trás da crise política, irrompe uma crise *cosmológica*. Isso porque nós jamais encontramos uma "coisa inerte" – nem na cidade, onde tudo é obra dos viventes, nem no campo, onde o traço da ação dos viventes está igualmente conservado em toda parte.

É claro que essa não é a primeira vez que isso acontece. As atuais nações industriais passaram por muitas mutações dessa ordem, especialmente na virada do século XVI para o XVII, quando foram arrancadas do antigo cosmos finito onde julgavam estar confinadas, apenas para se lançar no universo infinito desenhado pela violenta tomada do "Novo Mundo" e amplificado pelas descobertas admiráveis de Copérnico a Newton. Para absorver essa primeira metamorfose, foi necessário refazer tudo: o direito, a política, a arquitetura, a poesia, a música, a administração e, claro, as ciências. Tudo isso para aceitar que Terra, tornada um planeta entre outros, passasse a girar. Desde Galileu, vínhamos nutrindo a ideia de que iríamos viver em *outro mundo*, um Universo transferido, enxertado, transplantado na terra. Mas Terra é feita de uma matéria inteiramente diferente. *Sob* o outro mundo, o que se revela é novamente outro mundo. A história estaria se dobrando sobre si mesma? Trata-se de uma história repleta de armadilhas. Como nela se enredar sem se desorientar?

Hoje a terra gira novamente, mas dessa vez *sobre* si mesma e *por* si mesma, enquanto nós nos encontramos no meio dela, inseridos e confinados nela, acuados na zona crítica, sem sermos mais capazes de performar outra vez o grande gesto da emancipação. Sinto-me, antes, como uma roupa girando no tambor de uma máquina de lavar, girando loucamente, sob pressão e em alta temperatura! É preciso reinventar tudo de novo, o direito, a política, as artes, a arquitetura, as cidades; mas também é preciso – o que é ainda mais estranho – reinventar o próprio movimento, o vetor de nossas ações. Em vez de seguir adiante no infinito, temos de aprender a *recuar*, a *nos desarticular*, diante do finito. Essa é outra maneira de se emancipar, uma forma de tatear o problema e, curiosamente, de se tornar capaz de *reagir*. Sei bem que "reagir" e "reacionário" têm a mesma raiz. Mas fazer o que, se seguir sempre em frente era o que nos aprisionava, e se aprender a recuar é o que pode nos desconfinar? Temos de redescobrir as capacidades de movimento, as potências de agir. Continuar esse devir-inseto que permite outros movimentos, seja como um caranguejo ou como uma barata. Há beleza, há dança no rastejar ritmado de meu Gregor.

Nada explicita melhor esse paradoxo do que a excelente ideia de calcular o "dia da sobrecarga de Terra", um cálculo que revela uma ruptura temporal tão significativa quanto a espacial. Ainda que seja bem simples, esse indicador associa a cada Estado-nação uma data, cada vez mais precisa, que indica o dia do ano em que seu "sistema de produção" – para usar essa expressão antiquada – esgotou aquilo que o planeta forneceu para a sua fruição. Para se manter dentro dos limites – ao menos dos atuais limites conhecidos –, seria preciso que os Estados *adiassem* a data ao máximo, idealmente até dia 31 de dezembro. Obviamente, esse não é o nosso caso. O indicador aponta que a humanidade como um todo ultrapassa seus limites no dia 29 de julho; dali até o resto do ano, dia 31 de dezembro, ela vive "além de seus meios", em dívida com o planeta – uma dívida de cinco meses, adiada, é claro, para o balanço do ano seguinte!

O que se passou na primavera europeia de 2020 mostra bem a violência e a ubiquidade do conflito entre os Extratores – que, devido à sua indiferença, continuam a antecipar a data da cobrança da dívida (se os deixássemos agir livremente, os recursos anuais estariam esgotados antes da festa da *Chandeleur*)[98] – e os Remendadores, que tentam empurrar essa data o máximo possível para o fim do ano, idealmente até o dia de São Silvestre.[99] Devido ao confinamento, houve um *recuo* de três semanas no dia da sobrecarga. É um recuo provisório que corre o risco de ser deslocado novamente, dessa vez para pior, no ano de 2021 em razão da "retomada econômica". (Tudo indica que os demais terrestres – os vírus, claro, mas também as

---

[98] Feriado católico comemorado na França em 02 de fevereiro. (N.T.)

[99] É comemorado no dia 31 de dezembro, coincidindo, portanto, com a virada do ano. (N.T.)

raposas, as percas, as lontras, os golfinhos, as baleias-jubarte e os coiotes – aproveitaram esse recuo para perambular, e os melros, para melhor fazer ouvir seu canto!)

Podemos medir a violência da disputa entre Extratores e Remendadores se temos em mente as terríveis dificuldades que encontramos para deslocar em algumas semanas a superposição dos dois mundos: o tempo *em que* vivemos e, em seguida, todo o resto do ano, o tempo *de que* vivemos, mas que ignorávamos. Foi preciso uma crise econômica mundial para ganhar alguns poucos dias – e logo depois perdê-los novamente! Não há nada na antiga cenografia – aquela da época em que as partes envolvidas nos conflitos de classes estavam todas de acordo quanto ao "desenvolvimento da produção" – que permita saber a dimensão das tarefas a serem desempenhadas por aqueles que se propõem a "adiar o dia da sobrecarga". Sobretudo se considerarmos como são numerosos e poderosos aqueles que, ao contrário, desejam antecipá-lo. Tais tarefas não são mais de desenvolvimento: na lógica do confinamento, elas se tornam tarefas de *envolvimento*.[100] Como conservar a ideia de emancipação se temos de aceitar nos inserir e nos engajar nessas lutas? É compreensível a tentação de voltar a ser os humanos de antigamente, permanecendo na metamorfose anterior (a das "Grandes Descobertas") e celebrando a fuga em direção ao cosmos infinito.

O mais surpreendente, porém, é que já estamos todos nesse outro lugar; já sofremos uma mutação sem sequer nos darmos conta, pois o horizonte político (a chamada "ordem

---

[100] Latour faz um jogo entre as palavras *développement* e *enveloppement* para, na sequência, propor pensar Terra (ou Gaia) como uma espécie de envelope (*enveloppe*). Optamos por traduzir por "desenvolvimento" e "envolvimento" para manter o sentido de oposição entre os movimentos, mas ao fazê-lo, a ressonância com "envelopar" ficou menos evidente. (N.R.T.)

internacional") está inteiramente definido – e isso de forma explícita, à vista de todos – pelo desafio de conservar o envelope onde a história presente se desenrola. Esta transcorre dentro de uma esfera, de uma bolha, entre limites, atualmente definidos pela famosa elevação em dois graus da temperatura global. O Novo Regime Climático é, de fato, um novo *regime* político. Ainda que a política nacional não permita perceber, a política planetária já se dirige a esse outro mundo do qual os confinados tiveram um gostinho e que os desconfinados descobrem com pavor: um mundo do qual eles não sairão, um mundo curvado, delimitado, mantido por uma espécie de membrana, de toldo, de céu, de atmosfera, de ar condicionado. É dentro desse mundo e entre as potências de agir que nunca mais assumirão a forma de uma paisagem de "coisas inertes" que eles terão de viver.

A discrepância é surpreendente: a política internacional já mudou de direção, mas a fonte *científica* dessa compreensão do solo permanece obscura. Mais que obscura: ela é quase indizível. Por que faríamos desses famosos "dois graus" a meta considerada por toda decisão global, nacional, local ou pessoal, se não aceitamos que Terra é o resultado arriscado de uma maquinaria de viventes que, até aqui, forneceu as condições de habitabilidade, as quais, no entanto – conforme milhares de experiências difusas nos fazem sentir – se encontram hoje ameaçadas por nossas ações? Para que tenhamos medo de desarranjá-las, precisamos aceitar como evidente a existência de uma espécie de "termostato" fabuloso que a "humanidade" – essa atriz improvável! – poderia regular por meio de um botão. Precisamos admitir esse duplo circuito de retroalimentação: o primeiro é percorrido pelos viventes capazes de criar suas próprias condições de existência, e o outro, que se insere no primeiro, integra a ação desses viventes em meio a outros – tão próximos e tão diferentes, amigos e inimigos –, os humanos industrializados, todos sujeitos às mesmas condições de habitabilidade. Duplo confinamento, duplo envolvimento, duplo emaranhamento.

Embora Terra (ou Gaia) já organize o horizonte político, sua existência enquanto campo científico segue desconhecida, menosprezada ou negada, e suas consequências metafísicas permanecem invisíveis. Traçar um paralelo entre a terra que gira, no sentido de Galileu, e a terra que gira sobre si mesma, no sentido de James Lovelock e de Lynn Margulis[101] – ou como vimos Frédérique Aït-Touati tentando realizar de várias maneiras –, significa, a cada vez, suscitar um pequeno escândalo. Pela primeira vez, a política instituída, representada pelos famosos acordos climáticos, está à frente das mentalidades científicas. Continuamos a agir como se os organismos tivessem "se adaptado" a seu ambiente por pura sorte, como se eles não o tivessem *dado* a si mesmos ao tornar favorável um ambiente que não o era. Consequentemente, agimos como se esses organismos não pudessem tornar o ambiente favorável ou desfavorável em função da ação dos humanos, que são viventes entre outros viventes – ainda que tenham mais pressa que os demais. Era de se esperar que o senso comum estivesse mesmo em frangalhos. Somos solicitados a agir como se vivêssemos com Terra, mas fazemos de tudo para sair dela. Bastante contraditória essa injunção! Testemunhamos realmente uma crise de regime – desde que, com isso, queiramos dizer que se trata de um regime *planetário*.

A Terra exerce uma autoridade que atravessa, perturba, interrompe e contesta os modos de soberania dos Estados-nação que organizaram a partilha do solo na época moderna.

---

[101] Cf. nota 20.

Mas não seria o caso de pensá-la como uma soberania vinda do alto que reuniria os poderes dos Estados em um único poder incontestável, uma espécie de substituto[102] para "governo global". A Terra não é global. Seu modo de deslocamento, de amplificação e de contaminação quase não mudou desde que as primeiras bactérias conseguiram cobrir o planeta ancestral com uma película de alguns centímetros. Essa película se tornou mais espessa, mais ampla, mais espalhada, mas sempre pouco a pouco. Mesmo depois de quatro bilhões e meio de anos, sua extensão não ultrapassou os poucos quilômetros da zona crítica. É impossível conciliar essa contaminação, essa forma viral de deslocamento, com os emblemas de poder exuberantes imaginados pelos impérios. Nada de palácio, de pirâmide, de códice, de prisão, de colunata, de abóbada ou de globo. Nada de culto. Nada de deificação.

E, no entanto, há essa forma de poder multiforme e multiescalar exercido sobre aqueles que podem coletivamente se autointitular autônomos e autóctones. Estritamente falando, apenas Gaia, aquela que não podemos superar, da qual não podemos sair, pode ser chamada de autótrofa; é nesse sentido, então, que podemos dizer que ela é *soberana*. Mas trata-se de uma soberania vinda de baixo, e construída por uma concatenação gradual. Apesar de sua representação comumente ser permeada de formas do globo tomadas de empréstimo dos impérios humanos, Terra está longe de ter uma forma englobante. Estamos confinados nela, é verdade, mas isso não a torna uma prisão: nós apenas estamos *envoltos* nela. Emancipar-se não significa abandoná-la, mas sim explorar suas implicações, suas dobras, suas superposições, seus entrelaçamentos.

---

102 Latour emprega o termo em alemão; cf. nota 83. (N.R.T.)

Não há dúvida de que essa extensão de Gaia obriga a repartir as formas de soberania que os Estados haviam monopolizado. É como se Gaia os despojasse de seus poderes um após o outro, para melhor redistribuí-los. Isso não chega a surpreender, pois a delimitação dos seres políticos ainda é ditada pela antiga cosmologia, aquela dos séculos XVI e XVII, a época de Bodin ou Hobbes. Foi justamente a escala, em seu sentido quilométrico, que o Estado-nação tentou fixar – de uma vez por todas ao quadrilhar o planeta – no sentido antigo de corpo planetário visto de cima – por meio de uma pavimentação feita com países em conflito ou envolvidos em alianças frágeis. É essa localização a partir de cima que o confinamento permitiu a todos contestar.

Já os terrestres utilizam outra escala: a das formas de vida conectadas, que os obriga a atravessar constantemente – e, portanto, a questionar, a respeito de todo e qualquer assunto – a relação entre o pequeno e o grande, entre o limitado e o imbricado, entre o rápido e o lento. Nada do que diz respeito a Terra cabe dentro das fronteiras dos Estados, e o âmbito dito internacional só cobre uma parte ínfima do que está em jogo; por isso, a mudança de regime nos obriga a redefinir o que significa proteção, justiça, polícia e comércio sem necessariamente circunscrevê-los ao nacional. Todos os conflitos entre Extratores e Remendadores dizem respeito a essa redistribuição dos poderes. Os territórios que carecem de reconhecimento estão sempre *dos dois lados* de cada fronteira. Superar o limite da noção de limite: eis a nova forma de se emancipar.

Curiosamente, é o direito, por sua maneira de avançar caso a caso, que mais se assemelha a essas formas progressivas e frágeis de universalização. Haveria então um direito de Terra, de Gaia enquanto nome próprio? Sim, um direito que sempre existiu – historiadores e antropólogos encontram traços dele por toda a parte –, mas que foi ignorado por não se parecer nem com o "direito natural" – a "natureza" jamais serviu de modelo para os terrestres –, nem com o direito associado aos impérios. Ele consiste num direito fraco, ainda que soberano; um que impõe limites às noções de limite, o *nomos* de todos os outros. Seria Terra a mãe do direito? *Sanctissima Tellus*,[103] ainda impossível de reconhecer e de instituir, mas já presente por toda parte, desde o momento em que os terrestres deixaram de estar "fora", e passaram a habitar o interior daquilo que os excede e que continua a fazê-los existir.

Assim, os Extratores perguntam: "Mas então, ao celebrar o confinamento, ao pretender nos colocar sob a soberania de Gaia, você admite querer pôr fim à nossa história; sim, fale a verdade, quer nos sufocar, ou até mesmo, para falar ainda mais brutalmente, confesse que quer nos castrar. Onde está a inovação? Onde está a criação? Como vamos recuperar o luxo, o conforto, a prosperidade? Como continuaremos a celebrar a liberdade, essa palavra tão apreciada?"

A que os Remendadores são tentados a responder: "Mas quem disse que os terrestres também não buscam prosperar? Quem disse que não queremos ser livres, finalmente livres para abandonar o lugar onde vocês pretendiam nos confinar? Se nós, os humanos industrializados, compartilhamos alguma coisa com Gaia, essa coisa não é a natureza, mas sim o artifício, a capacidade de inventar, a capacidade de não obedecer a outras leis além daquelas que nos constituem. Por mais estranho que pareça, é pela técnica que captamos melhor essa potência inventiva, difusa e modesta de Gaia. Terra não é verde, não é

---

[103] Expressão presente no primeiro verso de *Ad Italiam*, poema escrito por Francisco Petrarca em 1353 para exaltar sua terra, a Itália: *Salve, cara Deo tellus sanctissima, salve*, que, em português, corresponderia a algo como "Salve, salve, Terra santíssima, cara a Deus". (N.T. e N.R.T.)

primitiva, não está intacta, não é 'natural'. Ela é inteiramente artificial. Podemos senti-la vibrar, e vibramos junto com ela, tanto na cidade quanto no campo, tanto no laboratório quanto na selva. Nada em suas condições iniciais tornava sua extensão necessária, inevitável, assim como nada nas condições atuais torna sua continuação necessária, inevitável. A intensidade de Terra se revela com mais clareza em cada inovação, no detalhe de cada organização, de cada máquina, de cada dispositivo. As formas de vida que existiram durante os *éons* conseguiram tirar vantagem apenas de algumas condições de partida. A indústria dos humanos continua esse processo, mobilizando novas combinações de átomos e indo cada vez mais fundo na tabela periódica. Não é isso que faz dela uma inimiga; muito pelo contrário. O mundo é feito de inovação e artifício. A injustiça e o crime provêm da imprudência de acreditar que podemos ignorar os limites, e não de tentar aprender a *contorná-los*. As bactérias, os líquens, as plantas, as árvores, as florestas, as formigas, os babuínos, os lobos e até os polvos amigos de Vinciane Despret sabem disso muito bem".

Mas onde estaria, então, o mal que paralisou as capacidades de invenção ao orientá-las para uma única direção fora-do-solo? Ele reside nessa estranha perversão que atrela a invenção a um único objetivo; que, em vez de contornar os limites, pretende ultrapassá-los, projetando-se para fora desse mundo; ou, o que é ainda mais grave, que espera instaurar o paraíso na terra. Há, portanto, duas formas de perversão da inovação: a primeira, pseudorreligiosa, faz sair do mundo, e a outra, pseudossecular, busca introduzir um mundo na terra. É como diz a terrível advertência de Ivan Illich: "A corrupção do melhor engendra o pior". Não foi assim que Gaia se estendeu, se prolongou, se tornou mais complexa e se instituiu: é justamente porque ela não possuía nenhum objetivo, que acabou por se autorregular parcialmente. Ela se alarga, se dispersa, se espalha. Quando nos obrigamos a seguir adiante, quando sonhamos com nos tornar pós-humanos, quando imaginamos que viveremos "como os deuses", não estaríamos nos privando do único poder de orientação que existe – tatear, experimentar, examinar novamente nossos fracassos, explorar? Talvez no antigo mundo pudesse haver algum sentido em seguir adiante, em caminhar em direção a um ponto Ômega. Mas agora que entramos em um mundo novo, e que retornamos ao interior das condições de existência cujos restos somos obrigados a remendar, o movimento mais importante consiste em nos espalhar em todas as direções. Se ao menos tivéssemos tempo...

Pois então você aterrou, espatifou-se, voltou à estaca zero, passou a usar uma máscara, mal conseguimos ouvir sua voz; ela foi reduzida a uma espécie de grunhido, tal como sucedeu a Gregor e a mim. "Onde estou?" Que fazer? Seguir sempre adiante, como aconselhava Descartes àqueles que se perdem na floresta? Não, você deve se dispersar ao máximo, se espalhar, para explorar todas as capacidades de sobrevivência, para conspirar, tanto quanto possível, com as potências de agir que tornaram habitáveis os lugares onde você aterrou. Sob a abóbada do céu, que está novamente pesada, outros humanos, enredados a outras matérias, formam outros povos com outros viventes. Eles finalmente se emancipam. Eles se desconfinam. Eles se metamorfoseiam.

14 — Para saber um pouco mais

Embora este livro tenha sido escrito ao estilo de um conto filosófico – a melhor maneira, acredito, de fazer da dolorosa experiência do confinamento um meio de se familiarizar com a mudança de cosmologia imposta pelo Novo Regime Climático –, ele resulta da colaboração multiforme de vários amigos e amigas. Nessa última parte, que resume, seção por seção, as principais pesquisas nas quais me inspirei, indico as numerosas superposições que fazem deste livro (assim como de qualquer outro) uma composição de holobiontes...

Muitos autores aceitaram revisar este texto; particularmente Alexandra Arènes, Anne-Sophie Breitwiller, Pierre Charbonnier, Vivian Depoues, Jean-Michel Frodon, Émilie Hache, Dusan Kasic, Frédéric Louzeau, Baptiste Morizot, Nikolaj Schultz e Isabelle Stengers. Frédérique Aït-Touati, Verónica Calvo, Maylis Dupont, Eduardo Viveiros de Castro e Nikolaj Schultz examinaram o manuscrito em detalhes; alguns deles, até várias vezes. Também Philippe Pignarre, como vem fazendo há mais de 25 anos, acreditou que um livro poderia desafiar as leis da gravidade. Agradeço a todos.

1 —

No capítulo 1, "Um devir-cupim", utilizo a tradução francesa de Franz Kafka, *La Métamorphose*. [Ed. Bras.: *A metamorfose*.] A noção de "linha de fuga" é obviamente tomada de empréstimo do livro de Gilles Deleuze e Félix Guattari, *Kafka: Pour une littérature mineure*. [Ed. Bras.: *Kafka: por uma lite-*

ratura menor.] Para a superposição de vozes dos personagens d'*A metamorfose*, vale escutar a *Opéra de Lille*, 2011, de Michaël Lévinas. Um trecho está disponível na internet: <ictus.be/listen/michael-levinas-la-métamorphose>. Devo essa indicação a Chantal Latour.

Sobre os cupins, utilizei meu velho exemplar de Edward O. Wilson, *The Insect Societies*. Para as formigas, baseei-me em Deborah M. Gordon, *Ant Encounters: Interaction Networks and Colony Behavior*. Já a alusão às dificuldades de se orientar no final do capítulo é uma referência a meu livro *Onde aterrar? Como se orientar politicamente no Antropoceno*. Enquanto ali eu ainda olhava a situação "do alto", antes da experiência do confinamento, o presente livro é, de certa forma, o relato após a aterrissagem forçada.

2 —

No capítulo 2, "Confinados em um lugar até bastante grande", ensaio sobre uma experiência de pensamento inspirada pela visita de Jérôme Gaillardet, geoquímico do Instituto de Física do Globo de Paris, durante uma estadia improvisada de "férias de aprendizagem" em Saint-Aignan-en-Vercors. Faz seis anos que Jérôme é meu mentor na exploração das zonas críticas. Juntos, tentamos relacionar a longa história da terra com as ciências outrora denominadas "humanas".

Minha inspiração, aqui, é meu amigo Tim Lenton, em particular seu livro com Andrew Watson, *Revolutions that Made the Earth*. Para tornar a experiência mais fácil, recorro ao esforço feito por Peter Sloterdijk para nos sensibilizar quanto à impossibilidade de "sair" dos recintos que oferecem o ar condicionado adequado à própria vida. Essa ideia possui uma expressão metafísica em sua trilogia e, em particular, no volume II, *Sphères II*.

Só podemos estabelecer a continuidade entre a cidade "artificial", a paisagem de montanha e a atmosfera dentro de um mesmo interior do qual não podemos sair, se aceitarmos levar a sério a hipótese de Gaia, sobre a qual trabalho há cerca de 15 anos. Aqui, apresento um resumo de Timothy Lenton e Sébastien Dutreuil, "What exactly is the role of Gaia?", in: Bruno Latour e Peter Weibel (dir.), *Critical Zone: The Science and Politics of Landing on Earth*. Esse livro luxuoso, com projeto gráfico de Donato Ricci, foi escrito como complemento a uma exposição homônima no Centro de Arte e Mídia de Karlsruhe, realizada entre julho de 2020 e agosto de 2021, e serve de fonte para este livro como um todo.

Para compreender o alcance desse deslocamento de cosmologia, é preciso ao mesmo tempo buscar inspiração nas novas ciências e absorver o choque causado pelas novas concepções de história e sociologia das ciências, que investigo há quarenta anos. De fato, essas ciências se encontram efetivamente situadas dentro do mundo que elas descrevem e transformam. Disso decorre a importância do "conhecimento imagético", tema central da história das ciências e apresentado resumidamente em meu artigo "Les 'vues' de l'esprit. Une introduction à l'anthropologie des sciences et des techniques". Esse e todos meus demais artigos estão disponíveis no meu site: <bruno-latour.fr>.

Esse assunto é tratado em Catelijne Coopmans *et al.*, *Representation in Scientific Practice Revisited*, e maravilhosamente desenvolvido em Lorraine Daston e Peter Galison, *Objectivité*, assim como em Frédérique Aït-Touati, *Contes de la Lune: Essai sur la fiction et la science modernes*. Já o conceito de "terrestres" foi introduzido em meu livro *Face à Gaïa: Huit conférences sur le Nouveau Régime Climatique.* [Ed. Bras.: *Diante de Gaia: Oito conferências sobre a natureza no Antropoceno.*] O termo tem a vantagem de não especificar nem gênero, nem espécie, mas apenas a situação local e o emaranhamento daquilo que compõe os seres.

É desnecessário dizer que simplifico demasiadamente, para atender às necessidades do meu conto, a distinção entre Terra e Universo.

3 —

O capítulo 3, "'Terra' é um nome próprio", opera um contraste entre dois princípios de organização que desempenham um papel essencial ao longo do livro. Sobre os perigos da "localização simples" sob uma perspectiva filosófica, ver Didier Debaise, *L'Appât des possibles: Reprise de Whitehead*; mas para um olhar mais cartográfico, ver Valérie November, Eduardo Camacho e Bruno Latour, "The territory is the map: Space in the age of digital navigation". Baseio-me, ainda, na magnífica experiência de Frédérique Aït-Touati, Alexandra Arènes e Axelle Grégoire, *Terra Forma: Manuel de cartographies potentielles*.

Para nos familiarizarmos com a ideia de que jamais tivemos a experiência de "coisas inertes" (ao menos na terra), vale ler Lynn Margulis e Dorian Sagan, *L'Univers bactériel*. O curioso retorno das noções de supralunar e sublunar, termos tradicionais da cosmologia dita "pré-copernicana", pode ser entendido se compararmos o clássico de Alexandre Koyré, *Du monde clos à l'univers infini*, com, por exemplo, Timothy Lenton, *Earth System Science*. Contudo, no presente livro, eu desloco o limite entre os mundos ao excluir a lua, o que corresponde a uma apropriação indevida do termo.

Em toda a sua obra, Baptiste Morizot se esforça para esclarecer o darwinismo e restituir a potência de agir aos animais; ver particularmente *Raviver les braises du vivant*, e sua crítica em "Ce que le vivant fait au politique: La spécificité des vivants en contexte de métamorphoses environnementales". In: Frédérique Aït-Touati e Emanuele Coccia (dir.), *Le Cri de Gaïa: Penser avec Bruno Latour*. A diferença entre "vida" e "Vida" é objeto de estudo de Sébastien Dutreuil. "Quelle est la nature de la terre", publicado no mesmo livro.

Para se familiarizar com Gaia, é preciso ler os livros originais de James Lovelock; em particular o primeiro, *La Terre est un être vivant: L'hypothèse Gaïa*. Mas me vali também da tese de Sébastien Dutreuil. "Gaïa: Hypothèse, programme de recherche pour le système terre, ou philosophie de la nature?", uma tese de doutorado defendida na Universidade de Paris I, em 2016. Baseio-me em dois artigos recentes para precisar o conceito: "Extending the domain of freedom, or why Gaia is so hard to understand", que escrevi com Timothy Lenton, e principalmente, "Life on Earth is hard to spot", escrito com Tim Lenton e Sébastien Dutreuil, para a *The Anthropocene Review*.

Sobre a riqueza mitológica do conceito de Gaia, vale ver *Diante de Gaia*, e, principalmente, Deborah Bucchi, "Gaia face à Gaïa".

4 —

Começo o capítulo 4, "'Terra' é um nome feminino, 'Universo' é um nome masculino", abordando a noção de "zona crítica" a partir de Jérome Gaillardet, "The critical zone, a buffer zone, the human habitat". Ver também toda a terceira parte desse livro para uma apresentação mais completa dessa noção.

A noção de "zona crítica" deve muito às invenções de Alexandra Arènes, que estão resumidas no artigo que escrevemos com Jérôme Gaillardet: "Giving depth to the surface: An exercise in the Gaia-graphy of critical zones", e em sua tese em andamento em Manchester.

A heterogeneidade das zonas críticas é bem ilustrada por Susan Brantley *et al.*, "Crossing disciplines and scales to understand the critical zone", e por sua contribuição em *Critical Zones*. Os limites das zonas críticas dependem muito da temporalidade escolhida.

Isso me permite localizar e dramatizar um pouco a famosa "bifurcação da natureza" comentada por Isabelle Stengers em *Penser avec Whitehead: Une libre et sauvage création de concepts*. Sobre as noções de hiato e de superposição das potências de agir, ver meu *Enquête sur les modes d'existence: Une anthropologie des Modernes*.

A respeito dos limites de Gaia, ver "Life on Earth is hard to spot", e Tim Lenton e Andrew Watson, *Revolutions that Made the Earth*. A localização da física tem sido objeto de inúmeros trabalhos na história da ciência, desde Sharon Traweek, *Beam Times and Life Times: The World of High Energy Physicists*. Alguns outros exemplos: Peter Galison, *Ainsi s'achèvent les expériences: La place des expériences dans la physique du XXe Siècle*; e a pesquisa sobre as ondas gravitacionais de Harry Collins, *Gravity's Shadow: The Search for Gravitational Waves*.

Os vínculos entre o esquecimento do engendramento e a ocultação da questão do gênero são investigados por Émilie Hache (dir.), *De l'univers clos au monde infini*, e idem, *Reclaim: Recueil de textes écoféministes*. Sobre sua pesquisa mais recente, ver "Né-e-s de la terre: Un nouveau mythe pour les terrestres". Ver também Adele Clarke e Donna J. Haraway, *Making Kin not Population: Reconceiving Generations*, e o livro de Donna Haraway recentemente traduzido por Vivien Garcia, *Vivre avec le trouble*.

5 —

O capítulo 5, "Distúrbios de engendramento em cascata", trata do mesmo problema da composição dos corpos percebido em domínios aparentemente bem diferentes. Para mais detalhes, ver Bruno Latour, Simon Schaffer e Pasquale Gagliardi (dir.), *A Book of the Body Politic: Connecting Biology, Politics and Social Theory*.

Baseio-me de saída em Déborah Danowski e Eduardo Viveiros de Castro, "L'arrêt de monde", depois em meu artigo "Troubles dans l'engendrement", e em seguida faço uso da noção de desequilíbrio em política econômica do importante livro de Pierre Charbonnier, *Abondance et liberté: Une histoire environnementale des idées politiques*.

Na sequência, abordo a diferença entre autótrofos e heterótrofos e a longa história da terra a partir de Lynn Margulis e Dorian Sagan, *L'Univers bactériel*, e Emanuele Coccia, *La vie des plantes: une métaphysique du mélange*. [Ed. Bras. *A vida das plantas: uma metafísica da mistura*.]

A curiosa história do individualismo é resumida aqui pela leitura de Ayn Rand, *Atlas Shrugged*. [Ed. Bras.: *A Revolta de Atlas*.] O romance cartesiano é objeto do magnífico capítulo "Cartesian Romance", em: Ayesha Ramachandran, *The Worldmakers: Global Imagining in Early Modern Europe*.

Investigo os vínculos entre biologia e sociologia desde um artigo com Shirley Strum, "Human social origins: Please tell us another origin story!". *Journal of Biological and Social*

Structures. Ver também o livro coletivo: Bruno Latour, Simon Schaffer e Pasquale Gagliardi (dir.). *A Book of the Body Politic*. Para a noção de "cascata" em biologia, vale ler Éric Bapteste, *Tous entrelacés*, mas para saber mais sobre os holobiontes e a epigenética que eles implicam, deve-se ler o manual de Scott F. Gilbert e David Epel, *Ecological Developmental Biology*: *The Environmental Regulation of Development, Health and Evolution*. A tese simplificada se encontra em Scott Gilbert, Jan Sapp e Alfred Tauber, "A symbiotic view of life: We have never been individuals". Sobre as dobras dos viventes entre fagos e vírus, aprendi muito com a pesquisa de Charlotte Brives, "Pluribiose. Vivre avec les virus, mais comment?".

6 —

O capítulo 6, "'Aqui embaixo' – mesmo porque não há alto", recorre à história da arte. Ver, por exemplo, Hans Belting, *La Vraie Image: Croire aux images?*, e, principalmente, Louis Marin, *Opacité de la peinture*: *Essais sur la représentation au Quattrocento*. Investigo a questão da imagem religiosa desde meu artigo "Quand les anges deviennent de bien mauvais messagers". Esse artigo foi desdobrado no catálogo da exposição: Bruno Latour e Peter Weibel (dir.). *Iconoclash*: *Beyond the Image Wars in Science, Religion and Art*. Ver especialmente o artigo de Joseph Koerner, "The icon as iconoclash". A diferença entre o religioso e o "espiritual" é retomada em meu *Jubiler ou les Tourments de la parole religieuse*.

Na estranha história da fusão entre o céu – *sky* – e o Céu – *heaven* –, sigo o que Eric Voegelin chama de "imanentização" em *La Nouvelle Science du politique* (termo que também foi desenvolvido em meu *Face à Gaïa*, conferência 6).

Baseio-me, ainda, na tese de Clara Soudan, "Spells of our Inhabiting". Para uma noção muito semelhante, ver o surpreendente livro de Ivan Illich, *La corruption du meilleur engendre le pire*. Sobre os modos de se situar de forma diferente nos mesmos lugares, minha referência é Anna Tsing, *Le Champignon de la fin du monde: Sur les possibilités de vie dans les ruines du capitalisme*, bem como *Frictions: Délires et faux-semblants de la globalité*.

Evidentemente, retomo a questão da encarnação sem fuga para "outro mundo" sob influência da encíclica do Papa Francisco, *Laudato Si*. Também fiquei fascinado pelo enigmático livro de Vitor Westhelle, *Eschatology and Space: The Lost Dimension in Theology Past and Present*, que me foi sugerido por Eduardo Viveiros de Castro. Dou seguimento a essa pesquisa junto com Frédéric Louzeau e Anne-Sophie Breitwiller no Collège des Bernardins.

7 —

O capítulo 7, "Deixar a Economia subir à superfície", dependeu de uma série de trabalhos. A ideia de Economia com letra maiúscula vem do livro igualmente maiúsculo de Timothy Mitchell, *Carbon Democracy: Le pouvoir politique à l'ère du pétrole*. Devo minha abordagem, especialmente da noção de economização, aos meus colegas do Centro de Sociologia da Inovação; ver Michel Callon (dir.). *Sociologie des agencements marchands: Textes choisis*, além de seu livro *L'Emprise des marchés: Comprendre leur fonctionnement pour pouvoir les changer*, bem como Michel Callon, Yuval Millo e Fabian Muniesa (dir.), *Market Devices*. Sobre os limites da produção, recomendo o livro clássico de Marshall Sahlins, *Âge de pierre, âge d'abondance:*

Économie des sociétés primitives, assim como o de David Graeber, *Dette: 5 000 ans d'histoire*. Indico também Bruno Latour e Vincent Lepinay, *L'économie, science des intérêts passionnés, Introduction à l'anthropologie économique de Gabriel Tarde*.

A "solução" de Dusan Kazic provém de sua tese "Plantes animées: De la production aux relations avec les plantes", e de seu artigo "Le covid-19, mon allié ambivalent". A ideia de que é preciso desenfeitiçar a Economia está em Philippe Pignarre e Isabelle Stengers, *La Sorcellerie capitaliste: Pratiques de désenvoûtement*. A liberação da noção de "Natureza" é analisada em detalhe em Karl Polanyi, *La Grande Transformation*. Encontramos o mesmo distanciamento em Baptiste Morizot, *Manières d'être vivant*. A origem religiosa da noção de economia da natureza é objeto de inúmeros trabalhos: ver Giorgio Agamben, *Le Règne et la Gloire: Pour une généalogie théologique de l'économie et du gouvernement* (Homo Sacer II). [Ed. Bras.: *O reino e a glória: uma genealogia teológica da economia e do governo* (Homo Sacer II).] Sobre os limites da noção de "oikos", ver Emanuele Coccia, "Nature is not your household".

A distância entre cálculo de interesse e darwinismo se torna particularmente grande com a noção de seleção sequencial. Ver Ford Doolittle, "Darwinizing Gaia", e seu artigo "Is the Earth an Organism?". Ver também o argumento de Timothy Lenton *et al.*, "Selection for Gaia across multiple scales".

8 —

O capítulo 8, "Descrever um território, mas de dentro para fora", baseia-se na experiência realizada no projeto "Onde Aterrar?", ao qual este livro é dedicado, <ouatterrir.fr/index.php/consortium/>. Essa experiência será objeto de publicações à parte. A versão *web* do projeto foi motivada pelo artigo "Imaginar gestos que barrem o retorno da produção pré-crise", de março de 2020;[104] e, desde então, o questionário ali apresentado suscitou diversos desdobramentos na internet. Mas é do projeto-piloto de longo prazo que veio a experiência de autodescrição. Sobre a noção de território, também me inspiro em Vinciane Despret.

Não custa lembrar que é muito importante não confundir Gaia com um organismo. Escrevi sobre isso em "Why Gaia is not a God of Totality".

A noção de "bens comuns" está renascendo em toda parte. Não há melhor jeito de abordar esse tema do que a partir do formidável trabalho de Marie Cornu, Fabienne Orsi e Judith Rochfeld, *Dictionnaire des biens communs*.

9 —

Assim como o anterior, o capítulo 9, "Descongelar a paisagem", recorre à experiência do projeto "Onde Aterrar?". A expressão "bússola" sintetiza um protocolo inventado coletivamente pelos participantes oriundos de várias cidades da França e baseado em um sistema desenvolvido pelos líderes do consórcio.

Tanto por seu conteúdo quanto por sua forma, a obra *Critical Zones*, tenta abordar de forma bem mais detalhada o movimento geral do "descongelamento".

Para tratar da reviravolta imposta pelo "confinamento", baseio-me na história da arte mobilizada em Bruno Latour e

---

[104] O texto integra a edição brasileira de *Onde aterrar?* (Bazar do Tempo, 2020).

Christophe Leclercq (dir.), *Reset Modernity!* e, claro, no meu livro *Jamais fomos modernos: ensaio de antropologia simétrica*.

A invenção do naturalismo é objeto do livro de Philippe Descola, *Par-delà nature et culture* [Ed. Bras.: *Outras naturezas, outras culturas*], projeto ao qual ele dá continuidade em um novo livro, *Les Formes du visible: Une anthropologie de la figuration*, antecipado em *La Fabrique des images*. O trabalho em andamento de Frédérique Aït-Touati sobre a invenção da cena-paisagem foi parcialmente apresentado em *Terra Forma*. Por fim, ver também meu livreto *What is the Style of Matters of Concern: Two Lectures in Empirical Philosophy*.

O tema da inversão da propriedade é desenvolvido por Sarah Vanuxem, *La Propriété de la terre*, e em "Freedom from easements". Sobre a inversão da paisagem comum em antropologia, ver Deborah Bird Rose, *Le Rêve du chien sauvage: Amour et exctinction*. Ver ainda o belo catálogo de Juliette Dumasy-Rabineau, Nadine Gastaldi e Camille Serchuk (dir.), *Quand les artistes dessinaient les cartes: Vues et figures de l'espace français, Moyen Âge et Renaissance*.

Para entender como a inversão da relação entre indivíduo e sociedade está no cerne da teoria ator-rede, ver meu *Changer de société: refaire de la sociologie*.

10 —

No capítulo 10, "Multiplicação dos corpos mortais", retomo por alto a literatura STS,[105] especialmente o livro fascinante de Anne-Marie Mol, *The Body Multiple: Ontology in Medical*

---

[105] Sigla em inglês para *science and technology studies*, campo de estudos do qual Latour é um dos nomes mais célebres. Em português, é conhecido como "estudos de ciência, tecnologia e sociedade". (N.R.T.)

Practice; assim como o livro clássico de Ivan Illich, *Némésis médicale: L'expropriation de la santé*, e principalmente seu livro – infelizmente pouco conhecido – *Le Genre vernaculaire*. Sobre a apropriação dos corpos, ver Evelyne Fox-Keller, *Le Rôle des métaphores dans les progrès de la biologie*; e meu artigo "How to talk about the body? The normatives dimension of science studies". Já a respeito da proliferação das compreensões sobre o corpo que sofre, ver Tobie Nathan e Isabelle Stengers, *Médecins et sorciers*.

A abordagem da inversão entre as relações internas e externas se baseia em Raymond Ruyer, *Néo-finalisme*. E, claro, devo a William James a discussão sobre a continuidade da experiência. A respeito dessa tradição filosófica, ver Isabelle Stengers, *Réactiver le sens commun*. Para mim, Donna Haraway é quem conseguiu ir mais longe na fusão de feminismos e biologias, desde Laurence Allard, Delphine Gardey e Nathalie Magnan (dir.), *Manifeste cyborg et autres essais* até *Vivre avec le trouble*. Ver também o trabalho em andamento de Émilie Hache, "Né-e-s de la terre: Un nouveau mythe pour les terrestres".

11 —

O capítulo 11, "Retomada das etnogêneses", atualiza a dramatização dos planetas apresentada em "We don't seem to live on the same planet", bem como o artigo com Dipesh Chakrabarty, "Conflicts of planetary proportions: A conversation". Dou seguimento a essa questão com Martin Guinard na exposição da bienal de arte de Taipei, chamada *You and I Don't Live on the Same Planet*, 2020-2021.

A questão dos "regimes planetários" provém do livro de Christophe Bonneuil, *L'Historien et la Planète: Penser les régimes de planétarité à la croisée des écologies-monde, des réflexivités environnementales et des géopouvoirs.* Para o planeta Exit, baseio-me em Nikolaj Schultz; "Life as Exodus", e também em Nastassja Martin, *Les Âmes sauvages: Face à l'Occident, la résistance d'un peuple d'Alaska.*

Sobre a noção central de diplomacia, ver Isabelle Stengers, *La Vierge et le Neutrino*, bem como "La proposition cosmopolitique", in: Jacques Lolive e Olivier Soubeyran (dir.), *L'Émergence des cosmopolitiques*. Também admiro muito o trabalho contínuo realizado pelo Atlas décolonial: <decolonialatlas.wordpress.com>. Sobre a noção central de invasão, ver Patrice Maniglier, "Petit traité de Gaïapolitique", in Frédérique Aït-Touati e Emanuele Coccia (dir.), *Le Cri de Gaïa*.

Sobre a necessidade do antropocentrismo, ver Clive Hamilton, *Defiant Earth: The Fate of Humans in the Anthropocene*. Há toda uma literatura sobre o Antropoceno, então o melhor é ir direto à fonte dos dados: Jan Zalasiewicz *et al.*, *The Anthropocene as a Geological Unit*.

A noção de mônadas superpostas de mil maneiras diferentes vem de Gabriel Tarde, *Monadologie et sociologie* [Ed. Bras.: *Monadologia e sociologia. E outros ensaios*]. Para um desenvolvimento dessa intuição, ver, em particular, Bruno Latour *et al.*, "'Le tout est toujours plus petit que ses parties': Une expérimentation numérique des monades de Gabriel Tarde". A oposição entre ciências régias e ciências nômades ou ambulantes vem de Gilles Deleuze e Félix Guattari, *Mille plateaux*: *Capitalisme et schizophrénie* [Ed. Bras.: *Mil Platôs*].

Sobre a variação de Gaia no tempo, ver novamente Lenton *et al.*, "Selection for Gaia across multiple scales". E sobre o impacto do Antropoceno, ver Timothy Lenton e Bruno Latour, "Gaia 2.0.".

12 —

No capítulo 12, "Batalhas muito estranhas", parto novamente de Pierre Charbonnier, *Abondance et liberté*, e das pesquisas de Nikolaj Schultz sobre as classes geossociais; em particular, "New climates, new class struggles", in: Bruno Latour e Peter Weibel (dir.). *Critical Zones*. Um perfil dos Extratores é elaborado na obra de Saskia Sassen, mais especificamente em *Expulsions. Brutalité et complexité dans l'économie globale*. [Ed. Bras.: *Expulsões: brutalidade e complexidade nas economias globais*]. Ver também Lucas Chancel, *Insoutenables inégalités*.

13 —

No capítulo 13, "Espalhar-se em todas as direções", utilizo o indicador inventado pela *Global Footprint Network*. Há várias traduções disponíveis; na França, recomendo: <wwf.fr/jour-du--depassement>. Sobre o deslocamento do dia da sobrecarga na primavera de 2020, na Europa, vale ver: <futura-sciences.com/planete/actualites/developpementdurable-jour-depassement--recul-exceptionnel-troissemaines-63853/>.

Sobre a surpreendente inserção da mão invisível da autorregulação nas negociações climáticas, ver Stefan Aykut et Amy Dahan, *Gouverner le climat? Vingt ans de négociation climatique*; e a análise detalhada da influência de Lovelock sobre as ciências do sistema terra, em Sébastien Dutreuil. *Gaïa: Hypothèse, programme de recherche pour le système terre, ou philosophie de la nature?*. O próprio termo "autorregulação" é objeto de tensão entre Lovelock, que tende a um modelo cibernético, e Margulis, que defende uma composição gradual entre os viventes, sem submetê-los a um modelo global.

Faz dez anos que tenho realizado experiências teatrais com Frédérique Aït-Touati para literalmente pôr em cena o conceito científico de Gaia, contra as evidências cosmológicas usuais. Ver os registros de *Inside*, de 2018, e *Moving Earths*, de 2019: <youtube.com/watch?v=ANhumN6INfI&feature=youtu.be >, além da peça *Gaïa Global Circus*, com texto de Pierre Daubigny.

O vínculo entre a questão do Estado e as novas formas de soberania de Gaia é objeto de minhas três últimas conferências de *Face à Gaïa* [Ed. Bras.: *Diante de Gaia*]. Baseio-me nas pesquisas em andamento de Dorothea e Pierre-Yves Condé.

Para compreender a oposição entre Gaia e a noção de globo ou de globalidade, recomendo meu artigo "Why Gaia is not a God of Totality". A ideia de nomos da terra vem, é claro, do livro de Carl Schmitt, *Le Nomos de la Terre dans le droit des gens du Jus Publicum Europaeum*. Sobre a nova noção de espaço que está implícita em Schmitt, ver meu artigo "How to remain human in the wrong space? A comment on a dialog by Carl Schmitt", *Critical Enquiry*.

Sobre a antropologia dos diversos cultos da terra, indico a coleção fascinante de Renée Koch-Piettre, Odile Journet e Danouta Liberski-Bagnoud (dir.), *Mémoires de la Terre: Études anciennes et comparées*. A injunção de Illich vem de seu livro *La corruption du meilleur engendre le pire*.

— Bibliografia

AGAMBEN, Giorgio. *Le Règne et la Gloire: Pour une généalogie théologique de l'économie et du gouvernement* (Homo Sacer II). Tradução de Joël Garand e Martin Rueff. Paris: Seuil, 2008. [Ed. Bras.: *O reino e a glória: uma genealogia teológica da economia e do governo* (Homo Sacer II). São Paulo: Boitempo, 2011.]

AÏT-TOUATI, Frédérique. *Contes de la Lune: Essai sur la fiction et la science modernes*. Paris: Gallimard, coleção NRG Essais, 2011.

_____; ARÈNES, Alexandra; GRÉGOIRE, Axelle. *Terra Forma: Manuel de cartographies potentielles*. Paris: B42, 2019.

ARÈNES, Alexandra; LATOUR, Bruno; GAILLARDET, Jérôme. "Giving depth to the surface: An exercise in the Gaia-graphy of critical zones", *The Anthropocene Review*, 5, 2, 2018, p. 120–135.

AYKUT, Stefan; DAHAN, Amy. *Gouverner le climat? Vingt ans de négociation climatique*. Paris: Presses de Sciences Po, 2015.

BELTING, Hans. *La Vraie Image: Croire aux images?*. Traducão de Jean Torrent. Paris: Gallimard, 2007.

BIRD ROSE, Deborah. *Le Rêve du chien sauvage: Amour et exctinction*. Tradução de Fleur Courtois-L'Heureux. Paris: La Découverte, coleção Les Empêcheurs de Penser en Rond, 2020.

BRANTLEY, Susan. "The Critical Zone Paradigm – A Personal View". In: LATOUR, Bruno; WEIBEL, Peter (dir.). *Critical Zone: The Science and Politics of Landing on Earth*. Cambridge, Massachusetts: MIT Press, 2020, p. 138–139.

_____. et al., "Crossing disciplines and scales to understand the critical zone". *Elements*, 3, 2007, p. 307–314.

BRIVES, Charlotte. "Pluribiose. Vivre avec les virus, mais comment?". *Terrestres*, 14, jun. 2020. Disponível em: <terrestres.org/2020/06/01/pluribiose-vivre-avec-les-virus-mais-comment>. Acesso em: 12 de ago. 2021.

BUCCHI, Deborah. "Gaia face à Gaïa". In: AÏT-TOUATI, Frédérique; COCCIA, Emanuele (dir.). *Le Cri de Gaïa: Penser avec Bruno Latour*. Paris: La Découverte, coleção Les Empêcheurs de Penser en Rond, 2021, p. 165–184.

CALLON, Michel (dir.). *Sociologie des agencements marchands: Textes choisis*. Paris: Presses de l'École nationale des mines de Paris, 2013.

_____. *L'Emprise des marchés: Comprendre leur fonctionnement pour pouvoir les changer*. Paris: La Découverte, 2017.

_____; MILLO, Yuval; MUNIESA, Fabian (dir.). *Market Devices*. Oxford: Blackwell Publishers, 2007.

CHANCEL, Lucas. *Insoutenables inégalités*. Paris: Les Petits Matins, 2017.

CHARBONNIER, Pierre. *Abondance et liberté: Une histoire environnementale des idées politiques*. Paris: La Découverte, 2020.

CLARKE, Adele; HARAWAY, Donna. *Making Kin not Population: Reconceiving Generations*. Chicago: Paradigm Press, 2018.

COCCIA, Emanuele. *La vie des plantes: une métaphysique du mélange*. Paris: Payot, 2016. [Edição brasileira: *A vida das plantas: uma metafísica da mistura*. Tradução de Fernando Scheibe. Florianópolis: Editora Cultura e Barbárie, 2018.]

_____. "Nature is not your household". In: LATOUR, Bruno; WEIBEL, Peter (dir.). *Critical Zone: The Science and*

Politics of Landing on Earth. Cambridge; Massachusetts: MIT Press, 2020, p. 300–304.

COLLINS, Harry. *Gravity's Shadow: The Search for Gravitational Waves*. Chicago: The University of Chicago Press, 2004.

COOPMANS, Catelijne *et al.*. *Representation in Scientific Practice Revisited*. Cambridge, Massachusetts: MIT Press, 2014.

CORNU, Marie; ORSI, Fabienne; ROCHFELD, Judith. *Dictionnaire des biens communs*. Paris: PUF, 2018.

DANOWSKI, Déborah; VIVEIROS DE CASTRO, Eduardo. "L'arrêt de monde". In: HACHE, Émilie. *De l'univers clos au monde infini*. Paris: Éditions Dehors, 2014.

DASTON, Lorraine; GALISON, Peter. *Objectivité*. Tradução de Sophie Renaut e Hélène Quiniou. Dijon: Les Presses du Réel, 2012.

DEBAISE, Didier. *L'Appât des possibles: Reprise de Whitehead*. Dijon: Presses du réel, 2015.

DELEUZE, Gilles; GUATTARI, Félix. *Kafka: Pour une littérature mineure*. Paris: Éditions de Minuit, 1975. [Ed. Bras.: *Kafka: por uma literatura menor*. Belo Horizonte: Autêntica, 2014.]

_____. *Mille plateaux: Capitalisme et Schizophrénie*. Paris: Éditions de Minuit, 1980. [Ed. Bras.: *Mil Platôs*, vols. I – V. Vários tradutores. Rio de Janeiro: Editora 34, 1995–1997.]

DESCOLA, Philippe. *La Fabrique des images*. Paris: Éditions du Quai Branly-Somogy, 2010.

_____. *Par-delà nature et culture*. Paris: Gallimard, 2005. [Ed. Bras.: *Outras naturezas, outras culturas*. Tradução de Cecília Ciscato. São Paulo: Editora 34, 2016.]

DOOLITTLE, Ford. "Darwinizing Gaia", *Journal of Theoretical Biology*, 434, 2017, p. 11–19.

_____. "Is the Earth an Organism?". *Aeon*, dez. 2020.

DUMASY-RABINEAU, Juliette; GASTALDI, Nadine; SERCHUK, Camille (dir.). *Quand les artistes dessinaient les cartes*: Vues et figures de l'espace français, Moyen Âge et Renaissance. Paris: Archives nationales e Éditions Le Passage, 2019.

DUTREUIL, Sébastien. "Gaïa: Hypothèse, programme de recherche pour le système terre, ou philosophie de la nature?", tese de doutorado, Universidade de Paris I, 2016.

_____. "Quelle est la nature de la terre". In: AÏT-TOUATI, Frédérique; COCCIA, Emanuele (dir.). *Le Cri de Gaïa: Penser avec Bruno Latour*. Paris: La Découverte, coleção Les Empêcheurs de Penser en Rond, 2021, p. 77–118.

FOX-KELLER, Evelyne. *Le Rôle des métaphores dans les progrès de la biologie*. Paris: Les Empêcheurs de Penser en Rond, 1999.

HACHE, Émilie (dir.). *De l'univers clos au monde infini*. Paris: Éditions Dehors, 2014.

_____. *Reclaim*: Recueil de textes écoféministes. Paris: Édtions Cambourakis, 2016.

_____. "Né-e-s de la terre: Un nouveau mythe pour les terrestres". *Terrestres*, 30 set. 2020. Disponível em: <terrestres.org>. Acesso em: 12 de ago. 2021.

HARAWAY, Donna. *Vivre avec le trouble*. Vaulx-en-Velin: Éditions des mondes à faire, 2020.

_____. *Manifeste cyborg*. In: ALLARD, Laurence; GARDEY, Delphine; MAGNAN, Nathalie (dir.). *Manifeste cyborg et autres essais*. Paris: Exils éditeur, 2007. [Ed. Bras.: *Manifesto ciborgue: ciência, tecnologia e feminismo-socialista no final do século XX*. In: HOLLANDA, Heloisa Buarque. *Pensamento feminista: conceitos fundamentais*. Rio de Janeiro: Bazar do Tempo, 2019.]

KAFKA, Franz. *La Métamorphose*. Tradução de Bernard Lortholary. Paris: Garnier-Flammarion, 1988. [Ed. Bras.: *A metamorfose*. São Paulo: Companhia das Letras, 1997.]

KOERNER, Joseph. "The icon as iconoclash". In: LATOUR, Bruno; WEIBEL, Peter (dir.). *Iconoclash: Beyond the Image Wars in Science, Religion and Art*. Cambridge, Massachusetts: MIT Press, 2002, p. 164–214.

KOYRÉ, Alexandre. *Du monde clos à l'univers infini*. Paris: Gallimard, 1962.

GAILLARDET, Jérome. "The critical zone, a buffer zone, the human habitat". In: LATOUR, Bruno; WEIBEL, Peter (dir.). *Critical Zone: The Science and Politics of Landing on Earth*. Cambridge, Massachusetts: MIT Press, 2020, p. 122–130.

GALISON, Peter. *Ainsi s'achèvent les expériences: La place des expériences dans la physique du XXe Siècle*. Tradução: Bertrand Nicquevert. Paris: La Découverte, 2002.

GILBERT, Scott; EPEL, David. *Ecological Developmental Biology: The Environmental Regulation of Development, Health and Evolution*. Sunderland, Massachusetts: Sinauer Associates Inc, 2015.

____; SAPP, Jan; TAUBER, Alfred. "A symbiotic view of life: We have never been individuals", *The Quarterly Review of Biology*, 87, 4, 2012, p. 325–341.

GORDON, Deborah M.. *Ant Encounters: Interaction Networks and Colony Behavior*. Princeton: Princeton University Press, 2010.

GRAEBER, David. *Dette: 5 000 ans d'histoire*. Paris: Les liens qui libèrent, 2013.

HAMILTON, Clive. *Defiant Earth: The Fate of Humans in the Anthropocene*. Cambridge: Polity Press, 2017.

ILLICH, Ivan. *Némésis médicale: L'expropriation de la santé*. Paris: Seuil, 1975.

_____. *Le Genre vernaculaire*. Paris: Seuil, 1982.

_____. *La corruption du meilleur engendre le pire*. Arles: Actes Sud, 2007.

KAZIC, Dusan. *Plantes animées: De la production aux relations avec les plantes*. Tese de doutorado, Universidade Paris-Saclay, 2020.

_____. "Le covid-19, mon allié ambivalent". *AOC media*, 16 de set. 2020.

KOCH-PIETTRE, Renée; JOURNET, Odile; LIBERSKI-BAGNOUD Danouta (dir.), *Mémoires de la Terre: Études anciennes et comparées*. Grenoble: Jérôme Millon, 2020.

LATOUR, Bruno. "Les 'vues' de l'esprit. Une introduction à l'anthropologie des sciences et des techniques". *Culture technique*, 14, 1985, p. 4–30.

_____. "Quand les anges deviennent de bien mauvais messagers". *Terrain*, 14, 1990, p. 76–91.

_____. *Nous n'avons jamais été modernes*: *Essai d'anthropologie symétrique*. Paris: La Découverte, 1991. [Ed. Bras.: *Jamais fomos modernos: ensaio de antropologia simétrica*. Tradução de Carlos Irineu da Costa. Rio de Janeiro: Ed. 34, 1994.]

_____. *Jubiler ou les Tourments de la parole religieuse*. Paris: La Découverte, coleção Les Empêcheurs de Penser en Rond, 2013 (2002). [Ed. Bras.: *Júbilo ou os tormentos do discurso religioso*. São Paulo: Unesp, 2020.]

_____. "How to talk about the body? The normative dimension of science studies". *Body and Society*, 10, 2/3, 2004, p. 205–29.

_____. *Changer de société: refaire de la sociologie*. Paris: La Découverte, 2006.

_____. *What is the Style of Matters of Concern*: *Two Lectures in Empirical Philosophy*, Spinoza Lectures. Assen: Royal Van Gorcum, 2008.

_____. *Enquête sur les modes d'existence: Une anthropologie des Modernes*. Paris: La Découverte, 2012. [Ed. Bras.: *Investigação sobre os modos de existência: uma antropologia dos modernos*. Petrópolis: Vozes, 2019.]

_____. *Face à Gaïa: Huit conférences sur le Nouveau Régime Climatique*. Paris: La Découverte, 2015. [Ed. Bras.: *Diante de Gaia: Oito conferências sobre a natureza no Antropoceno*. São Paulo; Rio de Janeiro: Ubu Editora; Ateliê de Humanidades, 2020.]

_____. *Où atterrir? Comment s'orienter en politique*. Paris: La Découverte, 2017. [Ed. Bras.: *Onde aterrar? Como se orientar politicamente no Antropoceno*. Rio de Janeiro: Bazar do Tempo, 2020.]

_____. "Why Gaia is not a God of Totality", *Theory, Culture and Society*, 34, 2–3, 2017, p. 61–82.

_____. "Troubles dans l'engendrement". *Le Crieur*, 14, out. 2019, p. 60–74.

_____. "Inventer les gestes barrières contre le retour à la production d'avant crise", *AOC media*, mar. 2020.

_____. "We don't seem to live on the same planet". In: LATOUR, Bruno; WEIBEL, Peter (dir.). *Critical Zone: The Science and Politics of Landing on Earth*. Cambridge, Massachusetts: MIT Press, 2020, p. 276–282.

_____. "How to remain human in the wrong space? A comment on a dialog by Carl Schmitt", *Critical Enquiry*, 47, 4, 2021.

_____; CHAKRABARTY, Dipesh. "Conflicts of planetary proportions: A conversation", *Journal of the Philosophy of History*, 14, 3, 2020, p. 419-454.

_____; LECLERCQ, Christophe (dir.). *Reset Modernity!*. Cambridge, Massachusetts: MIT Press, 2016.

_____; LENTON, Timothy. "Gaia 2.0.", *Science*, 14 de set. 2018, p. 1066–1068.

_____; _____. "Extending the domain of freedom, or why Gaia is so hard to understand", *Critical Inquiry*, 2019, p. 1–22.

_____; _____; DUTREUIL, Sébastien. "Life on Earth is hard to spot", *The Anthropocene Review*. 7, 3, 2020, p. 248–272.

_____; LEPINAY, Vincent. *L'économie, science des intérêts passionnés, Introduction à l'anthropologie économique de Gabriel Tarde*. Paris: La Découverte, 2008.

_____; SCHAFFER, Simon; GAGLIARDI, Pasquale (dir.). *A Book of the Body Politic: Connecting Biology, Politics and Social Theory*. Veneza: Foundation Cini, 2020. Disponível em: <bit.ly/2zoGKYz>. Acesso em 12 de ago. 2021.

_____ e STRUM, Shirley. "Human social origins: Please tell us another origin story!". *Journal of Biological and Social Structures*, 9, 1986, p. 169–187.

_____ e WEIBEL, Peter (dir.). *Iconoclash: Beyond the Image Wars in Science, Religion and Art*. Cambridge, Massachusetts: MIT Press, 2002.

_____ *et al.*. "'Le tout est toujours plus petit que ses parties': Une expérimentation numérique des monades de Gabriel Tarde", *Réseaux*, 31, 1, 2013, p. 199–233.

LENTON, Timothy. *Earth System Science*. Oxford: Oxford University Press, 2016.

_____; WATSON, Andrew. *Revolutions that Made the Earth*. Oxford: Oxford University Press, 2011.

_____ *et al.*. "Selection for Gaia across multiple scales", *Science Direct*, 33, 8, 2018, p. 633–645.

_____; DUTREUIL, Sébastien. "What exactly is the role of Gaia?". In: LATOUR, Bruno; WEIBEL, Peter (dir.). *Critical Zone: The Science and Politics of Landing on Earth*. Cambridge, Massachusetts: MIT Press, 2020, p. 168–176.

LOVELOCK, James. *La Terre est un être vivant: L'hypothèse Gaïa*. Paris: Flammarion, coleção Champs, 1999.

MANIGLIER, Patrice. "Petit traité de Gaïapolitique". In: AÏT-TOUATI, Frédérique; COCCIA, Emanuele (dir.). *Le Cri de Gaïa: Penser avec Bruno Latour*. Paris: La Découverte, coleção Les Empêcheurs de Penser en Rond, 2021, p. 185–217.

MARGULIS, Lynn; SAGAN, Dorian. *L'Univers bactériel*. Paris: Albin Michel, 1989.

MARIN, Louis. *Opacité de la peinture*: Essais sur la représentation au Quattrocento. Paris: Usher, 1989.

MARTIN, Nastassja. *Les Âmes sauvages: Face à l'Occident, la résistance d'un peuple d'Alaska*. Paris: La Découverte, 2016.

MITCHELL, Timothy. *Carbon Democracy*: Le pouvoir politique à l'ère du pétrole. Traducão de Christophe Jacquet. Paris: La Découverte, 2013.

MOL, Anne-Marie. *The Body Multiple*: Ontology in Medical Practice. Durham: Duke University Press, 2003.

MORIZOT, Baptiste. *Raviver les braises du vivant*. Arles: Actes Sud, 2020.

____. *Manières d'être vivant*. Arles: Acte Sud, 2020.

____. "Ce que le vivant fait au politique: La spécificité des vivants en contexte de métamorphoses environnementales". In: AÏT-TOUATI, Frédérique; COCCIA, Emanuele (dir.). *Le Cri de Gaïa: Penser avec Bruno Latour*. Paris: La Découverte, coleção Les Empêcheurs de Penser en Rond, 2021, p. 77–118.

NATHAN, Tobie; STENGERS, Isabelle. *Médecins et sorciers*. Paris: La Découverte, coleção Les Empêcheurs de Penser en Rond, 1995.

NOVEMBER, Valérie; CAMACHO, Eduardo; LATOUR, Bruno. "The territory is the map: Space in the age of digital navigation", *Environment and Planning D: Society and Space*, 28, 2010, p. 581–599.

PAPA FRANCISCO. Encíclica *Laudato Si*. Vaticano, 2015.

PIGNARRE, Philippe; STENGERS, Isabelle. *La Sorcellerie capitaliste: Pratiques de désenvoûtement*. Paris: La Découverte, 2005.

POLANYI, Karl. *La Grande Transformation*. Paris: Gallimard, 1983 (1945).

RAMACHANDRAN, Ayesha. "Cartesian Romance". In: *The Worldmakers: Global Imagining in Early Modern Europe*. Chicago: The University of Chicago Press, 2015.

RAND, Ayn. *Atlas Shrugged*. Nova York: Signet, 1957. [Ed. Bras.: *A Revolta de Atlas*. Rio de Janeiro: Arqueiro, 2017.]

RUYER, Raymond. *Néo-finalisme*. Paris: PUF, 2013 (1952).

SAHLINS, Marshall. *Âge de pierre, âge d'abondance: Économie des sociétés primitives*. Paris: Gallimard, 1976.

SASSEN, Saskia. *Expulsions. Brutalité et complexité dans l'économie globale*. Tradução de Pierre Guglielmina. Paris: Gallimard, 2016. [Ed. Bras.: *Expulsões: brutalidade e complexidade na economia global*. Tradução de Angélica Freitas. Rio de Janeiro; São Paulo: Paz e Terra, 2016.]

SCHMITT, Carl. *Le Nomos de la Terre dans le droit des gens du Jus Publicum Europaeum*. Tradução de Lilyane Deroche-Gurcel. Paris: PUF, 2001.

SCHULTZ, Nikolaj. "Life as Exodus". In: LATOUR, Bruno e WEIBEL, Peter (dir.). *Critical Zone: The Science and Politics of Landing on Earth*. Cambridge, Massachusetts: MIT Press, 2020, p. 284–288.

_____. "New climates, new class struggles". In: LATOUR, Bruno e WEIBEL, Peter (dir.). *Critical Zone: The Science and Politics of Landing on Earth*. Cambridge, Massachusetts: MIT Press, 2020, p. 308–312.

SLOTERDIJK, Peter. *Sphères, vol. II*. Tradução de Olivier Mannoni. Paris: Libella Maren Sell, 2010.

SOUDAN, Clara. *Spells of our Inhabiting*. Tese de doutorado. Edimburgo, 1979.

STENGERS, Isabelle. *Penser avec Whitehead: Une libre et sauvage création de concepts*. Paris: Seuil, 2002.

_____. *La Vierge et le Neutrino*. Paris: Seuil, coleção Les Empêcheurs de Penser en Rond, 2005.

_____. La proposition cosmopolitique". In: LOLIVE, Jacques e SOUBEYRAN, Olivier (dir.). *L'Émergence des cosmopolitiques*. Paris: La Découverte, 2007, p. 45–68.

_____. *Réactiver le sens commun*. Paris: La Découverte, coleção Les Empêcheurs de Penser en Rond, 2020.

TARDE, Gabriel. *Monadologie et sociologie*. Paris: Les Empêcheurs de Penser en Rond, 1999 (1895). [Ed. Bras.: *Monadologia e sociologia. E outros ensaios*. VARGAS, Eduardo Viana (Org.). Fundação Editora Unesp, 2018.]

TRAWEEK, Sharon. *Beam Times and Life Times: The World of High Energy Physicists*. Cambridge, Massachusetts: Harvard University Press, 1988.

TSING, Anna. *Le Champignon de la fin du monde: Sur les possibilités de vie dans les ruines du capitalisme*. Tradução de Philippe Pignarre e Fleur Courtois. Paris: L'Heureux, La Découverte, coleção Les Empêcheurs de Penser en Rond, 2017.

_____. *Frictions: Délires et faux-semblants de la globalité*. Tradução de Philippe Pignarre e Isabelle Stengers. Paris: La Découverte, coleção Les Empêcheurs de Penser en Rond, 2020.

VANUXEM, Sarah. *La Propriété de la terre*. Marseille: Wild Project, 2018.

_____. "Freedom from easements". In: LATOUR, Bruno; WEIBEL, Peter (dir.). *Critical Zone: The Science and Politics of Landing on Earth*. Cambridge, Massachusetts: MIT Press, 2020, p. 240–247.

VOEGELIN, Eric. *La Nouvelle Science du politique*. Tradução de Sylvie Courtine-Denamy. Paris: Seuil, 2000.

ZALASIEWICZ, Jan *et al.*. *The Anthropocene as a Geological Unit*. Cambridge: Cambridge University Press, 2019.

WESTHELLE, Vitor. *Eschatology and* Space*: The Lost Dimension in Theology Past and Present*. Londres: Palgrave, 2012.

WILSON, Edward O.. *The Insect Societies*. Cambridge, Massachusetts: Belknap Press of Harvard University Press, 1971.

Coleção #Mundojunto

Sobre o vegetarianismo
de Mahatma Gandhi

Onde aterrar?
— Como se orientar politicamente no Antropoceno
de Bruno Latour

Manifesto das espécies companheiras
— Cachorros, pessoas e alteridade significativa
de Donna Haraway

Onde estou?
— Lições do confinamento para uso dos terrestres
de Bruno Latour

Próximo título:

A feitiçaria capitalista
de Isabelle Stengers *e* Philippe Pignarre

Este livro foi editado pela Bazar do Tempo, na cidade
de São Sebastião do Rio de Janeiro, na primavera de 2021.
Ele foi composto com as tipografias GT Alpina e Whyte
e impresso, em papel Pólen Bold 90g/m², na gráfica Eskenazi.